우주
쓰레기가
우리 집에
떨어졌다

* 본문에 사용된 이미지 출처는 위키백과와 NASA입니다.

앞으로 우주에서 돈을 번다고?

우주 쓰레기가 우리 집에 떨어졌다

안부연 · 박시수 지음 | 문홍규 감수

유아이북스

머리말

2023년 1월 9일 11시 32분. 강렬했던 휴대전화의 긴급 재난 메시지를 잊을 수 없어요.

"한반도 인근에 미국 인공위성의 일부 잔해물이 추락할 가능성이 있습니다. 해당 시간 외출 시 유의하여 주시기를 바랍니다."

과거의 우주는 공상 과학이나, 영화, 소설 속에서 등장하는 현실과는 아득히 먼 상상의 공간이었어요. 하지만 지금은 기차나 비행기를 타고 여행 가듯 우주 여행을 가기도 하고, 우주에서 영화를 찍거나 건물을 세우기 위해서 다양한 기술이 개발되고 있어요.

과학자들은 우주를 새로운 기회의 공간으로 보고

앞다퉈 기술 개발을 하고 있는데요. 문제가 생기기 시작했어요. 임무를 마치고 버려진 인공위성이나 로켓 같은 우주쓰레기의 양이 너무 많아진 거죠.

우주쓰레기는 총알보다 10배 빠른 속도로 날아가기 때문에 우주정거장이나 우주인이 맞으면 심각한 우주 교통사고가 날 수 있고요. 지구로 떨어지면 더 위험한 상황이 발생할 수 있어요.

그렇다면 우리는 우주쓰레기를 어떻게 처리해야 할까요?

이 책은 주인공 현수와 우주쓰레기 전문가 김박사와 함께 우주쓰레기를 해결하는 여정을 통해서 우주에 대한 지식을 얻을 수 있는 책이에요. 현수처럼 집에 우주쓰레기가 떨어진다면, 여러분들은 어떻게 행동해야 할까요? 이 책을 통해서 우주에 대한 상상력을 마음껏 펼쳐보세요.

차례

제2부

우주쓰레기 탐험대! 태양계 수색작전

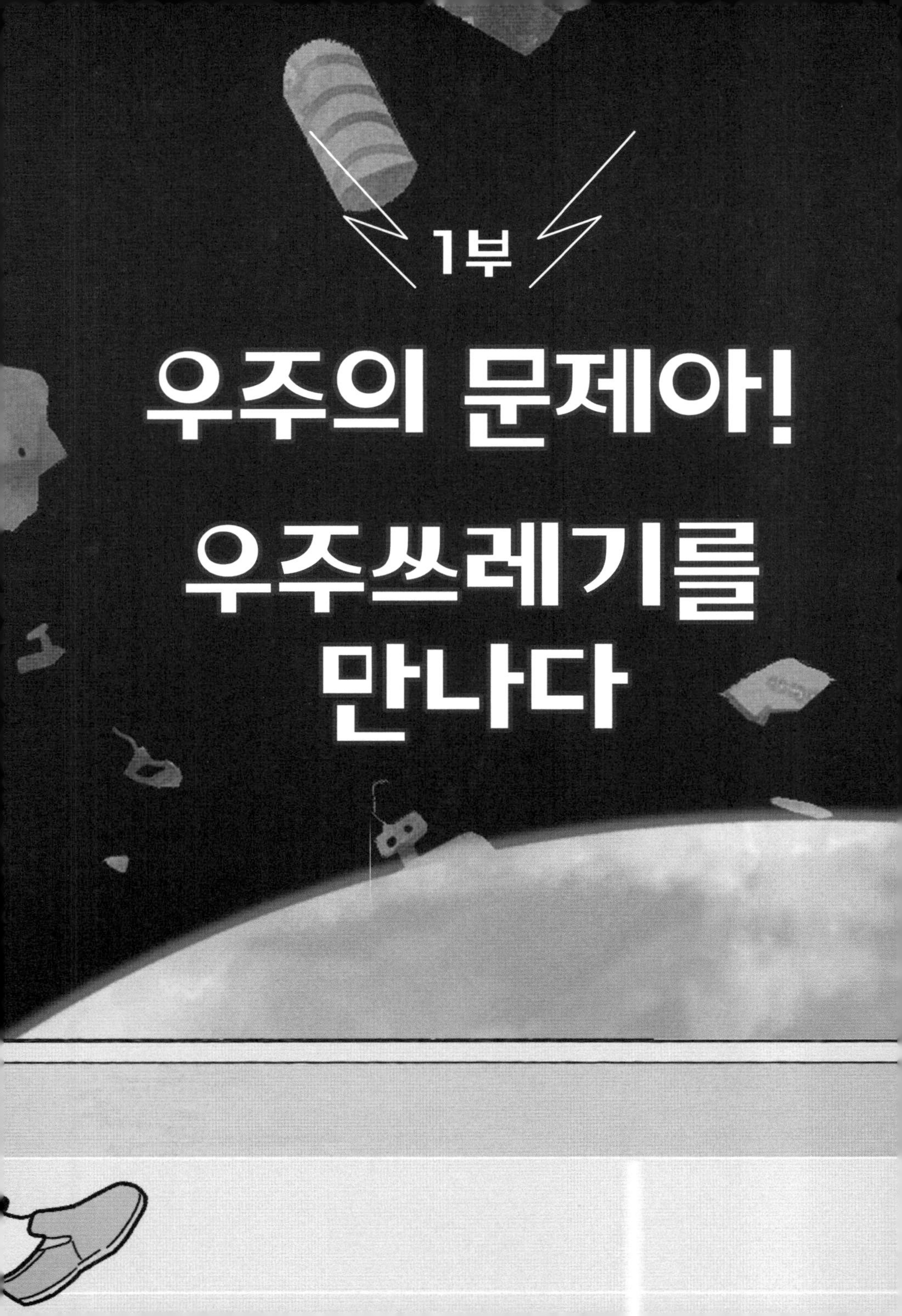
1부
우주의 문제아!
우주쓰레기를
만나다

정체 모를 물체가 우리 집에 떨어졌다

탁! 두둥 쾅! 엄청난 굉음이 귓가에 울려 퍼지자, 현수는 눈을 떴다. 비몽사몽한 기운을 떨쳐내며 소리 나는 곳을 찾았다. 창밖을 내다봤지만, 아무것도 보이지 않았다. 왠지 모를 불길한 기운이 느껴졌다. 현수는 방문을 열어 부모님이 있는 옆방으로 조심스럽게 다가갔다. 문 앞에 다다랐을 때, 아빠의 얼굴이 갑자기 튀어나왔다.

“악! 깜짝이야.”

“무슨 일이니 현수야?”

“아빠 무슨 소리 못 들으셨어요?”

“안 그래도 소리 때문에 잠이 깼단다.”

“저도 천둥소리인 것 같아서 밖을 봤는데 아무것도 없었어요.”

“분명 무슨 소리가 났는데….”

불안감에 휩싸인 현수와 아빠는 소리의 출처를 찾아보기로 했다.

호흡을 가다듬은 뒤 조심스레 거실 불을 켜자, 충격적인 장면이 눈에 들어왔다. 사람이 들어가고도 남을 큰 구멍이 거실 한가운데 있었다. 너무 놀라 위를 올려다보니 천장 역시 뚫려, 앙상해진 철골이 그대로 드러나 있었다. 희부연 한 먼지가 뒤덮여 숨을 제대로 쉴 수 없었고 구멍이 나면서 떨어진 집의 잔해들이 널브러져 있었다.

충격을 받은 표정으로 한동안 멍하니 상황을 바라보던 아빠는 어디론가 다급히 전화를 걸었다.

현수 역시 정신을 제대로 차릴 수가 없었다. 힘들고 우울한 일이 있을 때면 늘 달려가 큰 위로를 받았던 지하실. 소중한 장난감으로 가득 찼던 그 방은 지금 잿더미로 변해있었다. 엉엉 눈물이 났다. 한참을 그렇게 울고 나니 가슴속에 뜨거운 응어리가 올라왔다. 왜

이런 일이 일어났는지 알아야 했다.

요란한 사이렌 소리가 들리며 검은색 옷을 입은 사람들이 우르르 몰려왔고 현수와 아빠에게 상황 설명을 들은 후, 여러 장비로 현장을 이리저리 분석했다. 현수는 이 혼란스러운 상황에 숨이 막혔다. 갑작스럽게 벌어진 이 상황이 무엇인지 알고 싶은 마음뿐이었다.

지하실을 가득 채운 먼지가 조금씩 사라지자 어떤 형체가 점점 드러났다. 여기저기 얽힌 전선, 그 사이로 튀어 오르는 불꽃, 형체를 알 수 없는 쇠붙이 조각들.

"도대체 누가 우리 집을 이렇게 만든 거죠?"

"아직 자세한 건 조사를 해봐야겠지만 일단 집에

떨어진 물체는 우주쓰레기로 추정된단다. 이 우주쓰레기가 떨어진 충격 때문에 집이 무너질 수도 있어! 빨리 대피해야 해. 이럴 시간이 없어!"

우리 가족은 서둘러 짐을 챙겨 근처에 사는 할머니 집으로 들어갔다. 그때 불현듯 뭔가 떠올랐다.

"우주쓰레기? 그러면 설마?"

잊고 있던 기억의 조각들이 재빨리 앞으로 되감기는 것 같았다. 오전 내내 핸드폰을 울린 경고 문자가 바로 그것이었다.

⚠ [Web발신] 내일 새벽 3:00~05:30 사이 한반도에 우주쓰레기(인공위성의 잔해)가 추락할 가능성이 있습니다. 해당 시간 외출 시 유의하여 주시기 바랍니다.

“우리나라에 우주쓰레기가 왜 떨어져?”

일어날 리 없는 일이라 생각했고, 떨어진다 해도 나랑은 관련이 없는 일이라고 생각했다. 하지만 우주쓰레기가 내 소중한 지하실에 떨어졌고, 우린 지금 집을 잃을 위기에 놓였다.

현수는 그날부터 인터넷에 우주쓰레기의 모든 것을 검색하기 시작했다. ‘우주쓰레기는 왜?’, ‘우주쓰레기 처리법’, ‘우주쓰레기 누가’, ‘우주쓰레기 없애는 법’ 등 우주 관련 유튜브까지 며칠 밤을 새우며 우주 검색에 매달린 끝에 우주쓰레기 연구에 평생을 바친 과학자 김박사를 만나기 위해 집을 나섰다.

SPACE DEBRIS
WHY!?
Space Trash
WHO?

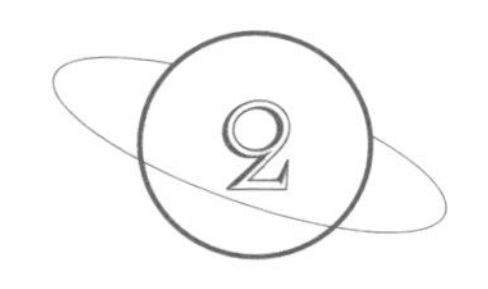

우주의 문제아 우주쓰레기

김박사의 연구소는 소백산천문대 지하에 있다. "천문대 지하에 왜 우주쓰레기 연구소가 있지?"라는 의문이 들었지만, 내심 반가웠다. 소백산천문대는 엄마, 아빠와 함께 어린 시절부터 여러 번 갔던 곳이라 익숙했기 때문이다.

현수는 어렸을 때부터 밤하늘의 해, 달, 별 등 우주

에 있는 모든 것이 좋았다. 집에 혼자 있을 때면 우주 책을 보면서 궁금증을 해결했고, 방학 때는 천문 캠프에 참가해 직접 별을 들여다보기도 했다. 전국의 70~80개의 천문대 중 소백산천문대가 유독 기억에 남은 이유는 국내 최초로 현대식 망원경이 설치된 곳이기 때문이다.

'나 같은 우주 실력자라면 소백산천문대 정도는 가

줘야지!' 소백산천문대에 갈 때면 내가 우주 전문가가 된 것 같은 느낌이 들곤 했다. '우주의 비밀을 내가 다 파헤치겠어!' 자신감 넘치던 꿈은 이제 현실이 됐고 우리 집을 습격한 우주쓰레기에 대한 정보를 알아내야만 했다. 그런데 문제가 있었다. 소백산천문대의 연구실은 일반인들의 출입이 제한되어 있다. 우주쓰레기 연구실의 상황도 다르지 않을 것이다. 현수는 소백산천문대로 향하는 택시 안에서 작전을 구상했다.

소백산천문대에 도착한 현수는 관람객 행세를 하며 안으로 들어갔다. 문제는 다음이다. 우주쓰레기 연구소를 찾아야 했다. 1층에 서서 관측 일정을 보는 척하며 주변 사람들의 움직임을 살폈다. 가족과 함께 들뜬 마음으로 소백산천문대를 둘러보는 친구들 사이로 하얀 연구복을 입은 사람들이 출입제한 문을 열고 들어갔다.

현수는 망설임 없이 연구실을 지키고 있는 보안요원에게 다가갔다.

“우주쓰레기 전문가 김박사님을 만나러 왔어요.”

“약속은 했니?”

떨리는 목소리로 대답하며 재빨리 주위를 훑어보자 우주캠프 팸플릿이 보였다.

“저는 우주 캠프에 선정된 학생 기자인데요. 박사님

을 취재하고 싶어서 찾아왔어요. 꼭 좀 전달해 주세요."

"박사님은 아무나 만날 수 없어. 약속하지 않았다면 힘들 텐데 그래도 말은 해보마."

멋대로 내뱉었지만, 박사님이 나올지는 미지수다. 지금 이 순간이 학교에서의 마지막 수업처럼 길게만 느껴졌다. 그때 출입문 밖으로 박사님의 얼굴이 보였다.

박사님을 보자마자 너무 떨려 입술을 움직였지만 목소리가 나오지 않았다. 하지만 여기까지 찾아온 이상 그냥 돌아갈 수는 없다.

침을 꿀꺽 삼키며 마음을 진정시키고 박사님을 불렀다.

"바… 박사님."

"네가 우주 캠프 기자구나. 오늘 기자 미팅이 있었나?

내가 착각한 일정이 있는지 물어보려고 나왔단다."

"죄송해요. 사실 저는 우주 캠프 기자가 아니에요. 박사님을 만나고 싶어서 거짓말을 했어요. 집에 우주 쓰레기가 떨어졌거든요."

그 말은 들은 김박사의 표정이 갑자기 어두워졌다. 문제의 심각성을 느낀 김박사는 현수를 데리고 연구실로 들어갔다.

김박사는 급히 컴퓨터 앞에 앉아 몇 가지 명령어를 입력하고 자판을 두드렸다. 5분 뒤 깜빡이는 화면에서 데이터가 쏟아졌다.

"아뿔싸… 내가 놓쳤군."

"왜요?"

"데이터를 분석해 보니 너희 집에 떨어진 것은 우주쓰레기가 맞단다."

"18년 전 우주로 발사된 인공위성이 있는데 5년 전 연료가 다 떨어진 후, 지구 주변을 맴돌다 어젯밤 우리나라에 추락했다는 분석 결과가 나왔단다."

"우주쓰레기가 인공위성이에요?"

"우주쓰레기는 임무를 다하고 멈춘 인공위성, 로켓

지구 주변을 맴돌고 있는 우주쓰레기

의 부품과 같이 지구 주변을 돌고 있는 인공적인 물체들을 말한단다."

"전 세계가 우주개발을 하면서 달에도 가고, 화성에도 갔잖아요. 그러면서 우주쓰레기가 더 늘어난 건가요?"

"그래. 1~10cm 우주쓰레기는 수십만 개, 1cm보다 작은 우주쓰레기는 1억 개 이상으로 파악하고 있어. 심지어 속도가 매우 빠르단다! 초속 7~8km 날아다

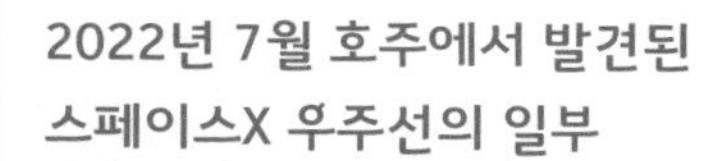
2022년 7월 호주에서 발견된
스페이스X 우주선의 일부

2022년 4월 인도 서부에 떨어진
우주쓰레기. 인공위성의 일부로 추정

녀! 이 속도는 총알보다 10배나 빠른 속도야. 어마어마하지?!"

"우주쓰레기가 이렇게 빠른 속도로 떨어져서 우리 집이 부서진 거군요. 흠, 우주쓰레기가 1억 개 이상이면 우리 옆집, 친구 집에도 우주쓰레기가 떨어질 수 있다는 얘기잖아요!"

"실제로 세계 곳곳에서 우주쓰레기가 떨어져서 피해가 발생했지."

"너무 무서워요."

"너희 집에 떨어진 우주쓰레기보다 더 크고 위험한 우주쓰레기들이 지구로 떨어진다면 더 큰 피해를 볼 수 있어."

"지구가 다치게 놔둘 수는 없어요! 우주쓰레기를 해결할 방법은 없나요?"

"지구에서는 우주 감시 망원경을 설치해서 우주쓰레기를 추적하고 감시하고 있는데 지금의 기술로는 완벽하게 우주쓰레기를 막을 수는 없단다."

"그래서 내가 우주쓰레기를 해결할 비밀 우주선을 개발했지."

"비밀 우주선이요? 너무 멋있어요!"

현수가 흥분감을 감추지 못하고 말했다.

"우주쓰레기가 친구, 할머니 집에 떨어지는 걸 막고 싶어요. 저도 비밀 우주선에 태워주세요."

"마침 조수가 필요했는데!"

"네! 정말 잘할 수 있어요! 믿어주세요."

"혹시 우주여행 해본 적 있니?"

"아니요. TV에서만 봐서 아직 가본 적은 없어요."

"음… 우주는 준비 없이 가면 위험할 수가 있어! 내 조수 로봇과 함께 우주훈련 코스에 통과하면 데려가 주마."

동글동글한 귀여운 몸체에 사람 같은 팔, 다리가 붙어있는 로봇이 인사를 하며 다가왔다.

"안녕. 나는 김박사님의 조수 로봇 레오라고 해. 이

제 너에게 우주훈련을 시켜줄 거야. 나를 따라와.”

‘긴장되기는 했지만, 우주로 갈 수 있다면 용기를 내야 했다. 매년 우주 캠프에 참가한 몸인데 이 정도야 할 수 있지!’

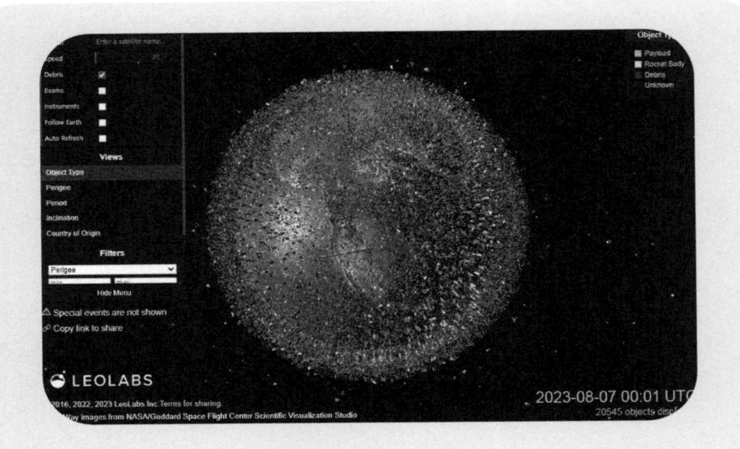

Q 우주쓰레기를 내 눈으로 볼 수 있다고?

지구 주변을 떠도는 위험한 우주쓰레기가 많아지고 있어요. 우주쓰레기의 위협에서 벗어나기 위해 우주쓰레기를 추적, 감시하는 회사가 생겨나고 있는데요. 그중에 한 곳이 미국의 '레오랩스'라는 회사에요. 아래 홈페이지에 들어가 보면 지구 주변을 떠도는 우주쓰레기가 얼마만큼 많이 있는지 볼 수 있어요.

· 홈페이지에 접속한 후, 왼쪽 창에서 Debris(쓰레기)를 체크하면 지구를 떠도는 우주쓰레기를 볼 수 있어요.

우주쓰레기 현황 자료

우주로 데려가 줘!
로켓과 우주선 이야기

레오 로봇을 따라 긴 터널을 빠져나가자 거대한 공간이 펼쳐졌다. 실험실은 투명한 유리벽과 유리문으로 제작돼 안이 훤히 들여다보였다. 현수는 영화에서만 보던 실험실에 와있다고 생각하니 가슴이 뛰었다. 실험실 안에는 알 수 없는 장비들이 불꽃과 연기를 뿜어내며 윙윙 소리를 냈고, 대형 모니터 주변으로 수많은 작은 모니터들이 바쁘게 움직이고 있었다.

홀린 듯 그 풍경을 바라보던 현수가 손을 뻗어 모니터를 건드린 후 다른 모니터 쪽으로 손을 옮기려는 사이! 레오 로봇이 순식간에 다가와 현수의 손을 막아섰다.

"엇, 미안 나도 모르게 그만."

"현수야 이 실험실은 압력, 먼지, 온도 등을 감지해

서 제어되는 방이야. 장치를 잘못 만지면 큰 문제가 생길 수 있어!"

레오 로봇 모니터의 표정이 매섭게 변했다.

"응응! 미안, 몰랐어."

"그렇다고 너무 겁먹지는 마! 지금부터 더 놀라운 걸 보여줄게."

레오 로봇이 몸을 틀어 몇 발짝 걸어가 새하얀 벽 앞에 섰다.

"이 벽이 놀라운 거야?, 그냥 벽 같아 보이는데."

"훗, 아직 시작도 안 했어. 잠깐만… 기다려 봐."

레오 로봇의 가슴에 달린 버튼을 누르자 ID카드 홀로그램이 벽 위로 펼쳐졌다. 그러자 갑자기 흰벽이 '우우웅~' 소리를 내며 벽 일부분이 솟아올랐고 뒤이어 안내 음성이 흘러나왔다.

"903 보안 구역, 출입 인증을 시작합니다."

안내 음성이 끝나자마자 벽에서 가느다란 빛이 생성돼, ID카드의 홀로그램 이곳저곳을 인식했다.

"903 보안 구역, 출입 인증이 완료되었습니다."

막혀 있던 벽이 양쪽으로 갈라지면서 통로가 만들어졌다. 떨리는 마음으로 보안 구역으로 들어가자, 믿을 수 없는 광경이 눈앞에 펼쳐졌다.

천사의 날개처럼 곧게 뻗은 4개의 날개.

화려한 광택을 띠며 은색으로 뒤덮인 우주선의 몸체는 강렬한 에너지를 내뿜고 있었다. 금방이라도 지구를 넘어 우주로 날아갈 것 같은 폭발적인 우주선의 모습에 빠져있을 때. 목소리가 들려왔다.

"이게 바로 네가 타고 갈 우주선이야. 우주쓰레기 문제를 해결하기 위해 내가 오랫동안 개발했지."

김박사가 말했다.

"빨리 타고 싶어요!"

“그냥 탈 순 없어! 타기 전에 우주선에 대해서 공부해야 해. 혹시 우주선이 뭔지 아니?”

“저를 뭐로 보시고! 우주 나갈 때 타는 거잖아요!”

“그럼 우주로 갈 때 왜 우주선을 타고 가야 할까?”

“음… 그건.”

“레오 로봇, 우주선에 대한 정보를 알려줘.”

Q 우주로 나갈 때 왜 우주선을 타야 할까?

지구에서 벗어나 우주로 날아가려면 지구 중심에서 잡아당기는 힘인 중력에서 벗어나야 해요. 이 중력을 이기고 우주로 나가려면 아주 세고 빠른 힘이 있어야 하는데요. 비행기는 지구를 벗어날 만큼 빠르고 힘이 세지 못해요. 그래서 과학자들은 우주로 가기 위해 비행기보다 더 빠르고 높이 날 수 있는 로켓을 만들었어요. 로켓은 우주를 여행할 수 있게 특별하게 만들어진 우주선을 운반할 수 있죠.

Q 우주선은 어떻게 날아갈까?

우주선을 높게 멀리 쏘아 올리려면 로켓이 필요한데요. 보통 로켓은 2~3개의 단으로 분리돼요. 로켓의 각 단은 거대한 연료통인데, 액체 또는 고체 형태의 연료가 가득 들어가요. 그리고 그 연료들이 타면서 강력한 추진력이 발생해 하늘로 올라가는 원리죠.
이제 원리를 알았으니 로켓을 본격적으로 발사해 보죠! 시뮬레이션 모드 작동!

3! 2! 1! 발사! 제일 먼저 1단 로켓이 지구 중력에서 최대한 빨리 벗어나도록 힘을 보내줘요.
어마어마한 에너지를 보낸 1단 로켓의 연료가 다 소진됐는데요. 이제 1단 로켓은 분리돼 다시 땅 쪽을 향해 떨어져요. 2단·3단 로켓 역시 우주선을 우주까지 안전하게 보내는 역할을 다하면 분리됩니다. 이렇게 로켓이 모두 분리되면, 최종적으로 남은 우주선은 우주에서 임무를 수행하게 되는 거예요.

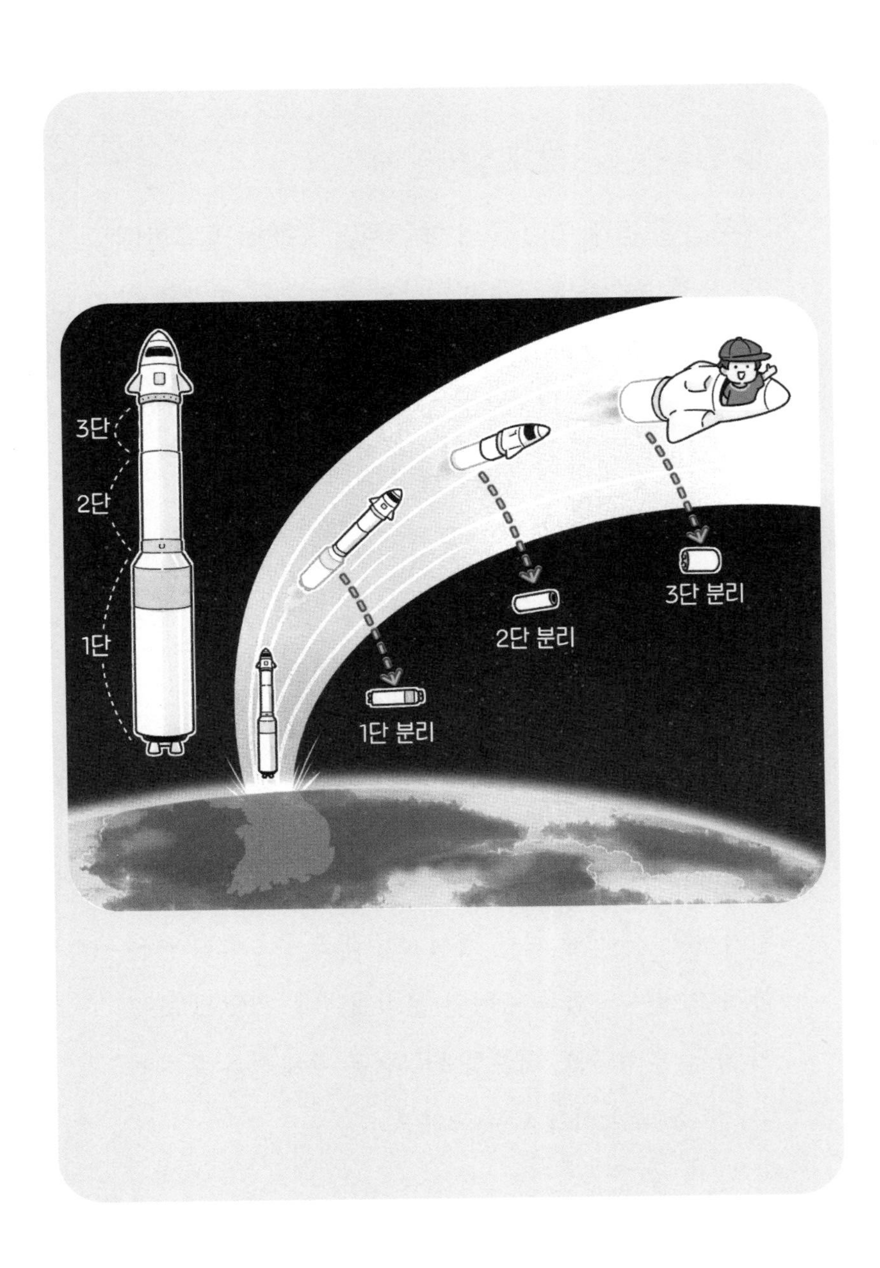
3단
2단
1단
1단 분리
2단 분리
3단 분리

세계 최초 동물 우주비행사

눈앞에서 우주선이 발사되는 것 같은 생생한 시뮬레이션에 가슴이 설렜다.

"김박사님 이제 우주선을 완벽하게 이해했어요. 빨리 우주선을 타고 싶어요!"

"워워워, 진정해! 우주는 지구와 많이 달라서, 꼭 훈련을 하고 나가야 해, 현수를 위해서 선배 우주비행사를 모시고 왔으니까, 잘 배워두렴."

갑자기 실험실로 개 한 마리가 걸어 들어왔다!

"뭐야, 개가 길을 잃었나 봐요. 실험실에 잘못 들어왔는데요?"

"멍~멍 멍멍멍! 아, 사람 말로 해야지! 지금 나를 무시하는 거 같은데? 선배를 이런 식으로 대접하면 안 되지!"

'개가 말을 하다니… 너무 많은 일을 겪어서 내가 이상해진 건가?'

가만히 살펴보니 말하는 개는 둥근 헬멧과 우주복을 입고 있었다.

'도대체 저 이상한 개는 뭐지?'

"내 이름을 말해줄게. 이래도 모르면 우주로 나갈 자격이 없지! 난 라이카라고 해."

어디서 많이 들어본 이름인 것 같았지만 잘 기억나지 않았다.

힌트를 달라고 레오 로봇을 슬쩍 쳐다봤지만, 김박사님과 얘기하느라 현수의 간절한 눈빛을 보지 못했다. 흔들리는 현수의 눈빛. 기나긴 침묵이 계속되자 보다 못한 개가 다시 말을 시작했다.

"나는 세계에서 첫 번째로 우주에 간 지구 생명체라고!"

"죄송해요. 제가 몰라봤어요!"

"나로 말할 것 같으면 말이지! 내 자랑을 내가 하려니 좀 민망하네, 레오 로봇! 내 활약상 좀 보여줘."

"네. 알겠습니다. 시뮬레이션 모드 작동."

Q 처음 우주에 간 생명체는 사람이 아니라 개?

인류는 예전부터 사람이 우주로 나가는 걸 꿈꿨어요. 하지만 처음부터 사람이 갈 수는 없었죠. 그래서 옛 소련 과학자들은 여러 동물을 모아서, 우주에 가서 적응을 잘할 수 있는 동물이 어떤 동물인지 테스트를 했어요.

떠돌이 개였던 '라이카'도 이 실험에 우연히 참여하게 됐는데, 너무 똑똑한 거예요. 그래서 최종 후보로 선발

돼 세계 최초로 우주여행을 했어요! 그 이후 라이카는 인기 스타가 돼 라이카의 모습이 새겨진 우표, 초콜릿 등이 만들어졌어요. 지금 우주비행사들이 안전하게 비행할 수 있는 건 라이카 덕분이라고 할 수 있어요.

Q 사람은 언제 우주에 가게 됐을까?

1961년 4월 12일. 소련의 우주비행사 유리 가가린이 보스토크 1호를 타고 세계 최초로 우주비행을 하게 됐어요. 유리 가가린은 우주에서 108분 동안 지구를 한 바퀴 돌았고, 다시 지구로 돌아온 후에 스타가 됐어요. 러시아의 우주비행사를 훈련하고 연구하는 센터의 이름을 '가가린센터'로 이름 붙일 정도였죠.

Q 우주에 간 사람은 몇 명일까?

1961년 유리 가가린이 처음으로 우주 비행을 한 후, 60여 년의 시간이 지났는데요. 2021년 기준으로 무려 600명 이상의 사람이 우주에 갔다고 해요. 여기에는 2008년 한국인 최초로 지구 궤도에 오른 이소연 박사도 포함되어 있어요.

우주 기술이 발달하면서 우주에 가는 사람들은 더 많아질 예정인데요. 이 책을 읽고 있는 여러분 중에도 우주에 가는 분들이 생겨나길 바랄게요.

우주복의 비밀

"내가 사람보다 먼저 우주 비행을 한 몸이라고! 이제 진짜 우주가 뭔지 제대로 알려줄게. 마음 단단히 먹어."

라이카 선배를 따라 오른쪽 끝방의 실험실 문을 열고 들어가니 사람들이 공중에 붕 뜬 채 이리저리 날아다니고 있었다. 마치 초능력을 쓰는 영화의 주인공들 같았다. 한참을 신기한 듯 바라보니 뭔가 이상한 점이

눈에 들어왔다.

"라이카 선배! 왜 다 똑같은 옷을 입고 있어요?"

"저건 우주복이야."

"우주복? 지금 입고 있는 옷으로는 우주에 못 가요?"

"우주는 지구와 전혀 다른 환경이야. 햇빛이 있으면 사막보다 뜨겁고, 햇빛이 없으면 북극보다 더 심한 추위가 찾아와. 그래서 우주에 갈 때는 꼭 우주복을 입어야 해."

"현수도 우주에 가려면 우주복이 필요하겠지? 짜잔~ 현수를 위해서 우주복을 준비했어! 입어 봐."

설레는 마음으로 받아 든 우주복은 생각보다 무거웠다.

"볼 때는 너무 멋있었는데 생각보다 무겁네요?"

"우주복 입는 게 쉽지 않지. 선배인 내가 도와줄게."

라이카 선배는 냉각 장치가 된 옷 위에 윗옷과 바지를 능숙하게 입혀주고 마지막으로 신발과 헬멧, 장갑까지 챙겨주었다. 우주복을 완전히 다 입는 데 한 시간 가까이 걸렸다. 우주복만 입었을 뿐인데 너무 힘들어 이마에 땀이 맺혔다.

"도대체 왜 이렇게 무거운 거예요?"

"우주비행사들의 몸을 보호하기 위해서 다양한 장치들이 달려있어."

"레오 로봇, 우주복 설명 시뮬레이션 작동해 줘."

헬멧

충격으로부터 머리를 보호할 수 있어요. 태양빛을 막는 도금된 창이 붙어있고 카메라, 통신 장치가 달려 있어요.

생명유지장치

온도와 습도를 조절해 주고 산소를 공급해 주죠. 보통 우주에서 7시간 활동할 수 있는 산소가 들어 있어요.

장갑

우주인들의 손에 맞게 특수 제작됐고요. 작업의 효율성을 높이기 위해 손가락 끝은 실리콘 고무로 되어있어요.

장화

온도를 일정하게 유지하는 단열 기능이 있어요.

Q 우주복 종류가 다양하다고?

우주복이라고 한 종류만 있는 게 아니에요. 학교에 갈 때 입는 옷과 잘 때 입는 옷이 다르듯이 우주에서도 상황에 따라 다른 옷을 입어요. 현수가 입었던 하얀색 우주복은 '선외 활동복'이에요. 우리가 우주복 하면 제일 먼저 떠오르는 우주복이기도 하죠. 이 '선외 활동복'은 우주선 밖에서 조립이나 수리 등을 할 때 입게 되는데요. 어두운 우주 공간에서 눈에 잘 띄고, 다른 색보다 태양열을 잘 반사하는 흰색으로 만들어졌어요.

선외 활동복

여압복

우주선을 발사할 때와 지구로 돌아올 때는 주황색의 우주복인 '여압복'을 입는데요. 이 주황색 우주복에는 우주선이 사고가 났을 때를 대비해서 조명탄, 의약품 같은 생존 장비가 들어있어요. 주황색인 이유도 사고가 났을 때 어디서든 우주비행사들을 빨리 발견하기 위해서예요.

파란색으로 된 우주복은 '선내 활동복'이에요. 선내 활동복은 우주정거장 안에서 입는 옷인데요. 우주에서는 중력이 없어서 물건이 떠다니잖아요. 그래서 선내 활동복에는 물건을 고정할 수 있는 주머니가 많이 달려있어요.

선내 활동복

Q 우주에서는 어떻게 얘기할까?

우리가 소리를 들을 수 있는 건 공기 때문인데요. 우주는 공기가 없기 때문에 소리를 들을 수 없어요. 그래서 우주인들끼리 얘기할 때는 우주복에 있는 마이크에 대고 말하고 이어폰으로 소리를 들어야만 해요.

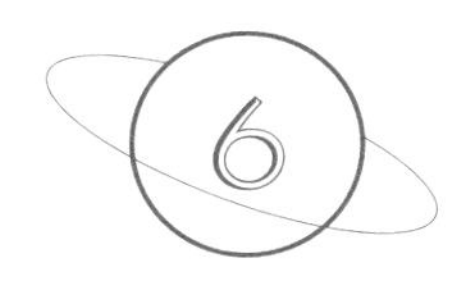

드디어 우주에 도착

우주복을 갖춰 입으니, 벌써 우주인이 된 것 같아 기분이 좋았다.

“현수야. 우주복을 입었다고 해서 끝이 아니야! 우주여행을 하기 위해서는 우주 환경에 적응하는 게 제일 중요해. 지금부터 우주훈련을 할 거야. 각오 단단히 하렴.”

“네! 선배 잘할 수 있어요. 이제부터 어떤 훈련을 받는 거예요?"

"레오 로봇! 우주인이 되기 위해서 어떤 훈련을 받아야 하는지 알려 줘."

"오늘은 수중 무중력 훈련을 할 거야."

"우주복이 너무 무거워서 걷는 것도 힘든데, 물속으로 들어가도 될까요?"

Q 우주인들은 어떤 훈련을 받을까?

우주인들이 지구에서 우주로 나가려면 우주선이 뜨고 내릴 때, 엄청난 속도를 내야 하는데요. 이 속도를 견디는 '중력 가속도 훈련'을 받아요. 보통 나와 비슷한 몸무게의 친구들 3명이 누르는 것 같은 강한 힘이어서, 훈련받다가 기절할 수도 있다고 해요. 우주인이 되는 게 생각보다 쉽지 않죠?!

이런 혹독한 과정을 이겨내고 우주에 도착하면, 무중력인 우주 환경에 적응해야 하는데요. 이를 위해서 '무중력 적응 훈련'도 받게 됩니다. 무중력과 유사한 물속에서 받는 '수중 무중력 훈련'과 비행기에 타서 받는 '무중력 비행 훈련'이 있어요. 이 훈련을 모두 받으면 무중력인 우주에서 자유롭게 둥둥 떠다닐 수 있답니다.

"우주복이 100kg 정도 되니까 현수가 무거울 만도 하지. 우주에서 생활하려면 무중력 공간에서 익숙해져야 해! 힘들어도 꼭 필요한 훈련이야."

우주인이 되기 위해서는 훈련을 이겨내야만 했다. 현수는 라이카를 따라 조심스럽게 물속으로 들어갔다. 우주복을 입고 들어간 물속은 수영장에서 물놀이할 때와 달랐다. 몸이 둥둥 떠 있었고 균형을 잡고 앞으로 나가려 했지만, 몸이 말을 듣지 않았다.

선배 라이카는 물속이 편안해 보일 정도로 자유자재로 움직였다. 라이카는 자신을 따라오라며 손짓했다. 라이카가 가리키는 곳에는 기지의 탐사차가 놓여 있었다. 탐사차 주변을 걷고, 뛰고, 심지어 탐사차 조종법을 배우며 훈련을 이어갔다.

무중력 훈련들이 강도 높게 이어지고 있는 순간, 갑자기 사이렌 경고음이 실험실을 뒤덮었다.

경고음을 들은 사람들은 분주히 어디론가 뛰어갔

다. 당황한 나는 어떻게 할지 몰라 멍하니 사람들을 바라보고 있었다. 그때 우주복의 이어폰으로 라이카의 목소리가 들렸다.

"긴급 상황이야. 오늘 훈련은 끝난 것 같군. 빨리 김 박사님을 찾아가자."

사람들이 분주하게 물 위로 올라가자마자, 어디론가 흩어졌다. 현수는 기다리고 있던 레오 로봇을 따라 김 박사의 실험실로 들어갔다. 수많은 사람이 여러 개의

모니터 화면을 쳐다보며 분석하고 있었다.

"김박사님 무슨 일이에요?"

"우주쓰레기가 또 떨어졌단다. 이번에는 너희 집에 떨어진 것보다 더 큰 크기야. 다행히 사람들이 다치진 않았지만 30층짜리 건물이 부서졌지."

"더 이상 지켜볼 수 없어요! 빨리 우주로 가요."

"그래. 더 시기를 늦출 순 없어! 기본 훈련은 다 받았으니 함께 우주로 가자!"

김박사를 따라 우주선으로 뛰어 들어갔다.

"발사 7분 전."

"자, 이제 출발한다!" 김박사가 말했다.

현수는 우주로 갈 수 있다는 사실이 기뻤지만 동시에 두렵기도 했다.

"10, 9, 8, 7, 6…."

헬맷 속 스피커를 통해 발사 카운트다운이 들렸다.

"5, 4, 3, 2. 1."

현수의 심장이 뛰기 시작했다.

"발사."

엄청난 굉음과 충격에 안전벨트를 착용했지만, 몸이 이리저리 흔들렸다. 속이 울렁거렸고 정신이 아득해졌다. 결국 난 처음 타본 우주선에서 정신을 잃고 말았다.

잠시 후 내 이름을 부르는 소리에 깨보니, 수첩과 볼펜이 공중에 떠다니고 있었다.

놀라 창문 밖을 보니 새까만 하늘에 별들이 반짝였다. 드디어 난 우주에 왔다.

"엇 지구다! 지구가 꼭 동그란 축구공 같아요!"

레오 로봇이 기분이 좋은지 음악을 틀어줬다.

"지구는 둥그니까~ 자꾸 걸어 나가면 온 세상 어린이들 다 만나고 오겠네 ♪"

"친구들이랑 자주 불렀던 노랜데, 우주에서 지구를 보면서 들으니까 기분이 이상해요!"

"지금은 너무 당연하게 지구가 둥글다고 생각하지만 예전에는 지구가 평평하다고 생각했어."

김박사가 말했다.

"말도 안 돼! 지구가 평평하면 지구 끝으로 가면 어떻게 되는데요?"

"지구 끝이 세상의 끝이랑 닿아서 기나긴 폭포로 떨어진다고 생각했어!"

"하하하! 그걸 믿었다고요?"

"그럼 누가 지구가 둥글다는 걸 처음 얘기한 거예요?"

"그건 레오 로봇이 알려줄 거야."

Q 지구는 평평하지 않고 둥글다?

그리스의 수학자 피타고라스가 '지구는 커다란 공' 모양이라고 주장했어요. 왜냐하면 동그란 공 모양이 모든 형태 중에서 가장 완벽하다고 믿었기 때문이죠. 그 이후 그리스의 철학자 아리스토텔레스, 천문학자 에라토스테네스 등에 의해서 지구가 둥글다는 사실이 과학적으로 증명되기 시작했죠. 지금은 수많은 위성사진으로 둥근 지구의 모습을 볼 수 있어요.

Q 지구는 왜 파랗게 보이는 걸까?

지구는 3분의 2가 바다, 나머지는 땅으로 되어있어요. 이렇게 물이 많아서 지구가 푸르게 보이고요. 또 하나의 이유는 태양빛이 지구의 대기를 구성하고 있는 물질과 부딪히면 여러 색깔로 변하는데요. 이때 푸른빛이 훨씬 더 많이 퍼져서 지구가 파란색으로 보이는 거죠.

세계 최초로 우주여행을 한 유리 가가린도 우주에서 지구를 바라보고 “지구는 푸른빛이었다”라고 말했어요.

고장 난 인공위성의 습격

까맣고 어두운 하늘에 보석을 흩뿌려 놓은 듯 별들이 반짝였다. 신비로운 우주 풍경에 빨려 들어갈 것 같았다. 그때였다. 어두컴컴한 우주 한쪽에서 무언가 번쩍하고 날아들었다.

"악, 위험해!"

쿵 소리와 함께 우주선이 흔들렸다.

"도대체 뭐야?"

정체 모를 물체가 무서운 속도로 회전하며 우주선 쪽으로 다가왔다. 그때 김박사가 다급하게 외쳤다.

"비상 모드 가동. 레오 로봇, 우주선으로 날아오는 물체를 파악해 줘!!"

레오 로봇은 탐사 레이저를 작동시켰다. 잠시 후 레오 로봇이 대답했다.

"우주선으로 날아오는 물체는 고장 난 인공위성입니다."

"저 인공위성이 우리 우주선과 '쿵'하고 충돌할 수 있잖아요."

'우주에서 우리 집을 공격한 우주쓰레기를 또 만나다니!' 화가 치밀었다.

"저런 인공위성이 고장 나면 우주쓰레기가 돼서 여기저기 부딪히고 공격하고 다니는 거야."

"끼이익! 쿵!"

우주쓰레기가 이번엔 우주선의 날개를 스쳤다.

"엇, 저기! 날개에서 불꽃이 피어오르고 있어요."

순식간에 작은 불꽃이 우주선을 뒤덮었고, 날개가 덜컹거리기 시작했다.

“이대론 도저히 안 되겠어. 우주선의 집게팔로 우주쓰레기를 제거하자.”

하지만 아무리 버튼을 눌러도 날개의 충격 때문인지 우주선의 집게팔은 나오지 않았다.

“어떡해요. 우주쓰레기가 날아오고 있어요.”

현수가 불안에 떨자 김박사는 잠시 고민하더니 결단을 내렸다.

"레오 로봇 비상 수리 모드 작동."

레오 로봇은 우주선 고정 벨트를 착용한 후, 우주선 위로 올라갔다. 금방이라도 우주선의 날개가 떨어질 것처럼 요란한 소리를 냈다. 망설일 시간이 없었다. 레오 로봇은 떠다니는 인공위성을 향해 커다란 작살을 던졌다. '제발… 제발 맞아라.' 현수의 간절한 바람과 달리, 작살은 인공위성을 맞추지 못한 채 바닥으로 곤두박질쳤다.

"레오 로봇 인공위성 움직임 예상 장치를 작동할게. 신호를 주면 작살을 던져."

김박사가 레오 로봇에게 말했다.

김박사가 버튼을 누르자 홀로그램으로 알 수 없는 숫자와 수식이 쉴 새 없이 나타났다. 그리고 잠시 후 움직이는 인공위성의 예상 이동 경로가 나타났다. 작

살이 뻗을 수 있는 위치까지 인공위성이 다가오기를 기다렸다.

"레오 로봇 지금이야!"

레오 로봇이 다시 한번 작살을 힘차게 던졌고 포물선을 그리며 날아간 작살이 인공위성을 휘감았다. 레오 로봇이 고정시킨 인공위성 위로 솟아올랐다.

“고장 부위 스캔.”

레이저들이 인공위성의 고장 부위를 재빠르게 파악했다. 인공위성의 중심을 잡는 전선 하나가 끊어져 있었다. 레오 로봇은 끊어진 전선을 이어 붙였다.

“인공위성 재작동 모드.”

윙~ 소리와 함께 인공위성이 다시 작동했고 레오 로봇은 작살을 던져 다시 인공위성을 원위치에 돌려

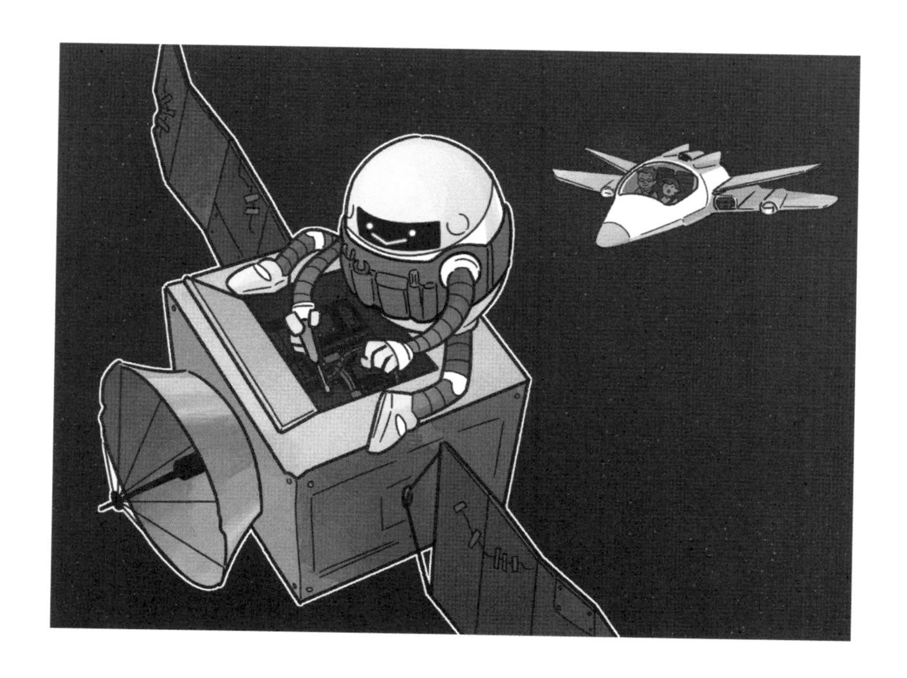

놓았다.

"고생했어! 레오는 못 하는 게 없구나!"

"내 능력이 이 정도라고! 나만 한 로봇이 없지."

"지구에서도 우주쓰레기가 건물들을 파괴해서 위험했는데 우주에서도 우주쓰레기가 정말 위험하네요."

"고장 난 인공위성이나 수명을 다한 인공위성들은 대부분 대기권을 통과하면서 불타지만 일부 타지 않은 물체들이 지구로 떨어지는 거야."

"근데 생각보다 우주에 인공위성이 많네요. 왜 이렇게 많은 거예요?"

Q 인공위성이 왜 이렇게 많을까?

사람이 인공적으로 만들어 지구 주변을 도는 위성들을 인공위성이라고 불러요. 왜 인공위성이 필요할까요? 우주에는 있는 수많은 인공위성은 각자 중요한 임무를 맡고 있어요.

통신 위성은 인터넷이나 전화를 할 수 있게 해주고요. 기상위성은 날씨 변화를 관측하고, GPS 위성은 자동차나 비행기, 배의 위치를 자세하게 알려줘요. 그리고 최근에는 호주 대학의 연구팀이 우주 위성으로 사우디아라비아의 화산지대에서 400여 개의 유적을 찾아내기도 했어요. 이렇게 다양한 일을 하는 인공위성들을 세계 여러 나라가 연이어 발사하면서 인공위성이 점점 늘어나게 된 거죠.

유엔 우주사무국의 인공 우주물체 목록에 따르면 2022년 기준으로 약 1만 개의 위성이 우주에 떠 있다고 해요.

Q 인공위성은 왜 떨어지지 않을까?

인공위성들은 우주 밖으로 떨어지지 않고 일정하게 지구 주변을 돌고 있어요. 그 이유는 뭘까요? 물건을 실에 묶어서 돌리면 일정한 둘레로 계속 돌잖아요. 이게 바로 두 종류의 힘이 균형을 이뤄서 그런 거예요. 잡아당기는 힘과 나가려는 힘이 똑같기 때문이죠.

인공위성도 마찬가지예요. 인공위성을 끌어당기는 힘과 인공위성이 나가려는 힘이 똑같기 때문에 떨어지지 않고 일정한 속도로 지구의 주변을 돌 수 있는 거예요.

Q 최초의 인공위성은 뭘까?

세계 최초의 인공위성은 1957년 10월 4일 소련이 발사한 스푸트니크 1호에요. 공 모양의 스푸트니크 1호는 4개의 긴 안테나가 달려있어, 108분마다 지구를 한 바퀴 돌면서 신호를 보냈어요. 이 신호를 받은 지구의 과학자들은 지구 대기에 관한 여러 자료를 받을 수 있었죠.

스푸트니크 1호는 22일간 지구로 신호를 보냈고, 3개월 동안 비행하다 대기권에 떨어져 임무를 마쳤답니다.

Q 우리나라도 인공위성이 있을까?

1992년 8월 남아메리카 기아나 쿠루 기지에서 우리나라의 첫 인공위성인 '우리별 1호'가 발사됐어요. 우리별 1호는 과학 실험을 하는 소형 위성인데요. 우리별 1호가 성공적으로 발사된 후 기상 및 해양관측을 할 수 있는 천리안 1호, 과학실험용 위성인 과학기술 위성 1호 등 다양한 우리나라 인공위성들이 우주에서 활약하고 있어요.

스푸트니크 1호
천리안 1호
과학기술위성 1호

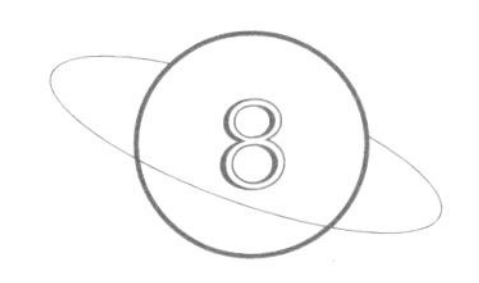

우주에 떠 있는 거대한 도시 우주정거장

레오 로봇의 활약으로 위험한 순간은 피했지만 안심할 수는 없었다. 지구로 떨어질 수도 있는 위험한 우주쓰레기를 확인해야 했다.

"이제 우리는 어디로 가야 해요?"

"우주쓰레기의 상황을 정확히 알려면, 우주쓰레기 데이터센터가 있는 '우주정거장'으로 가야 해."

"우주정거장이 뭐예요?"

“우주에서 연구와 실험을 할 수 있는 대형 우주 구조물이란다. 보면 깜짝 놀랄 거야. 자세한 건 우주정거장에 도착해서 설명해 주마. 레오 로봇! 우주선 속도를 높여줘! 꽉 잡아! 이제 여유를 부릴 시간이 없어!”

레오 로봇이 우주선의 손잡이를 아래로 힘껏 당기자 위이잉! 엄청난 소리와 함께 우주선이 움직이기 시작했다.

'위이잉!'

우주선 전체를 뒤흔드는 급격한 진동에 몸을 제대로 가눌 수 없었다.

"으아아아아!" 현수가 소리를 질렀다.

"김박사님 이렇게 흔들려도 괜찮은 거죠?"

"걱정 마, 이 정도는 문제없어."

김박사가 현수를 안심시켰다.

여기저기 떠 있는 인공위성 사이를 피하느라 우주선이 롤러코스터를 타는 것 같이 덜컹거렸다. 우주선이 흔들릴수록 현수의 속이 울렁거렸다.

'참아야 한다. 다른 생각을 하자. 후…'

참을성이 한계에 다다랐을 무렵, 레오 로봇이 창밖을 가리켰다. 마치 우주에 떠 있는 거대한 도시 같았다. 말로만 듣던 우주정거장이었다.

Q 우주에 거대한 도시가 떠 있다고?

사람들은 우주에 오래 머무르면서 우주 실험과 연구를 할 공간이 필요했어요. 우주를 탐사하다 보면 연료를 보충해야 하는데 그럴 때마다 지구를 계속 왔다 갔다 하기는 어렵잖아요. 그래서 과학자들은 우주정거장을 만들었어요.

현재 미국, 러시아, 캐나다, 유럽, 일본 등 15개 국가가 함께 만든 '국제우주정거장'과 중국이 독자적으로 만든 '톈궁'이라는 우주정거장이 사용되고 있는데요. 최근에는 우주정거장을 만들겠다고 발표한 기업들이 늘어나고 있어서 우주정거장은 더 많아질 거예요.

Q 우주정거장은 어떻게 생겼을까?

우주정거장은 작은 집들을 연결해 만든 큰 집이라고 생각하면 되는데요. 필요에 따라 집을 떼었다가 붙였다가 하면서 다양한 실험을 진행하고 있죠. 우주정거

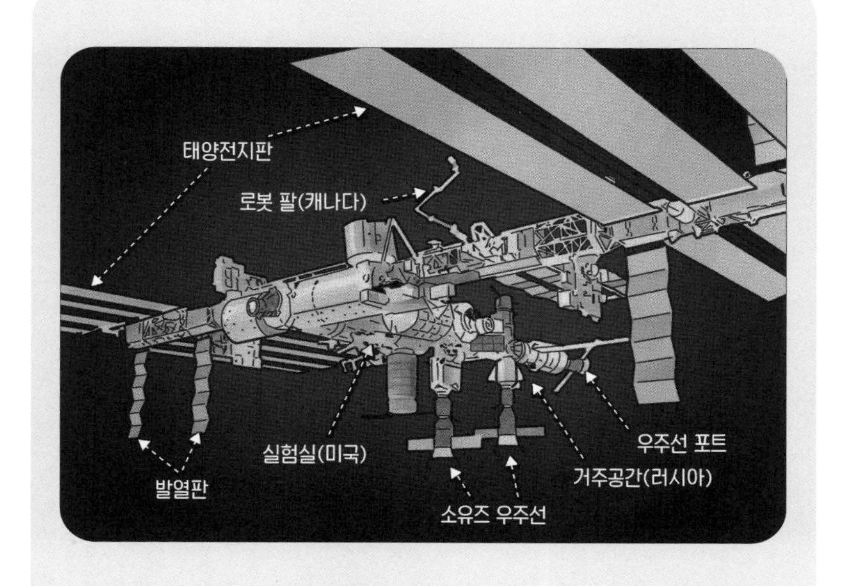

장 안에는 화장실과 실험실 등이 있고요. 우주정거장 양쪽 가장자리에는 태양 전지판이 달려있어서 햇빛을 전기로 바꾸어서 전력을 사용해요. 그리고 밖에는 작업을 도와주는 로봇팔과 출입구도 설치되어 있어서 우주정거장에서는 다양한 임무를 수행할 수 있다고 해요.

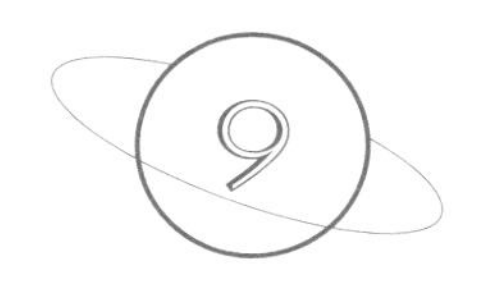

우주에서 먹은 피자

우주정거장 안은 생각보다 아늑했다. 산소가 있어서 우주복을 벗고 숨 쉴 수 있었고 마이크 없이도 대화할 수 있었다. 낯선 우주여행에 계속 긴장하고 있었던 현수는 이제야 마음이 풀어졌다.

"정신없이 다녔더니 배가 고파요."

현수가 배를 움켜쥐며 말했다.

"우주정거장에서 우주인들은 뭘 먹나요?"

“레오 로봇, 현수에게 우주 음식을 맛 보여 주렴.”

김박사가 말했다.

레오 로봇을 따라 우주정거장 주방으로 들어갔다. 주방 옆 창고에는 나라별로 분류된 식품들이 가득 차 있었다. 지구 음식과 다른 점이 있다면 모두 캔이나 튜브에 담겨 있었다.

"레오 로봇! 왜 음식이 다 캔이나 튜브에 담겨 있어?"

"우주에서는 오랫동안 음식을 상하지 않고 보관하기 위해서 캔이나 튜브에 보관하는 거야. 이렇게 포장한 음식을 데우거나 조리하면 지구에서 먹는 것과 똑같아."

"우와! 빨리 먹어보고 싶어! 어떤 음식이 있어?"

"라면, 피자, 김치 등 100가지나 돼! 현수야, 뭐 먹을래?"

"우와 그럼 난 피자 먹을래! 우주에서 피자를 먹다니! 레오 로봇, 사진 좀 찍어줘! 지구에 가면 친구들한테 자랑해야지. 친구들이 엄청나게 부러워할 거야."

레오 로봇은 피자 한 조각을 현수에게 건넸다. 현수는 이 순간을 놓칠 수 없었다. 카메라를 꺼내 이리저리 피자 인증사진을 찍어댔다.

"앗."

자세를 바꾸다 그만 피자를 떨어뜨리고 말았다.

"안돼, 내 피자!"

현수의 손을 떠난 피자는 우주선 안을 둥둥 떠다녔다.

"조심해! 여기서는 중력이 없어서 음식 먹을 때도 조심해서 먹어야 해."

"엇! 미안."

떠다니는 피자를 잡기 위해 몸을 날렸다. 다행히 피자 위에 햄이 분리되기 전에 피자를 낚아챘다.

"잡았다! 피자 한번 먹기 힘드네."

빵 부스러기라도 흘렸다간 피자를 먹다 말고 부스러기를 잡으러 다니겠어. 뭐라도 흘릴까 봐 하도 조심조심 먹었더니 피자가 제대로 넘어가지 않았다.

'우주에서 생활하는 게 생각보다 쉽지 않네.'

"레오 로봇, 우주인들은 여기서 어떻게 생활하는 거야?"

Q 우주로 음식 배달이 될까?

집에서 편하게 음식을 먹고 싶을 때, 전화 한 통으로 음식을 배달시켜서 먹곤 하죠. 우주로 음식 배달은 안 될 것 같지만 가능하답니다. 2001년 국제우주정거장에 피자 한 판이 배달 됐는데요. 러시아 항공우주국이 발사한 우주선에 미국 패스트푸드 업체의 피자가 실린 거죠. 하지만 시간과 금액은 지구와 어마어마한 차이가 났어요. 무려 이틀의 시간이 걸렸고, 배달비가 약 13억 원이 들었다고 해요.

Q 우주인들은 화장실에 가고 싶으면 어떻게 할까?

예전에는 우주선 안에 화장실이 없어서 소변이나 대변이 마려우면 우주복에 싸야 했어요. 하지만 이제는 진공청소기처럼 대소변을 빨아들이는 화장실이 생겼답니다. 우주 화장실은 몸을 벨트에 잘 고정한 후에 사용해야 하는데요. 혹시나 사용법을 제대로 익히지 못하면 소변과 대변이 공중에 둥둥 떠다닐 수 있으니 주의해야 해요!

그럼 우주정거장 화장실은 무엇이 다를까요? 2020년에 무려 269억 원의 화장실이 우주정거장에 설치됐는데요. 이 새로운 우주 화장실은 우주인의 소변과 대변을 받은 뒤, 재처리하면 우주에서 식수로 활용할 수 있고요. 물을 추출하고 남은 물질은 특수한 용기에 담아 다른 우주쓰레기와 함께 지구 대기권을 향해 발사됩니다. 날아간 것들은 대기권에서 모두 불타 없어진다고 해요.

Q 우주인들은 어떻게 샤워할까?

우주선에서는 샤워장이 없어서 샤워할 수 없지만, 우주정거장에는 샤워장이 있어요. 하지만 지구에서처럼 욕조에 물을 받아서 하는 목욕은 할 수 없어요. 우주정거장 안에는 중력이 없어서 물이 둥둥 떠다니기 때문이죠. 그래서 원형의 통에 들어가 샤워기를 이용해 샤워한 뒤 물방울은 진공 장치를 이용해서 다시 빨아들이거나 특수한 스펀지를 물에 적셔 목욕해요. 그러면 세수와 양치질은 어떻게 할까요?

손과 얼굴은 젖은 수건으로 닦아내고요. 양치질은 먹어도 되는 치약으로 이를 닦고 거품이 나오면 그냥 삼키거나 수건 같은 천에 뱉는다고 해요.

Q 우주인들은 어떻게 잠을 잘까?

우주선은 중력이 없기 때문에 몸이 둥실둥실 떠오르죠. 잠을 자기 위해서는 고정된 침낭 안으로 들어가야 잠을 잘 수 있어요. 그리고 우주에서는 낮과 밤이 45분마다 바뀌어서 수면 안대를 써야만 잠을 잘 수 있다고 해요.

외계인이 나타났다

배를 든든하게 채운 현수는 레오 로봇과 함께 '우주 쓰레기 데이터센터'로 향했다. 그런데 갑자기 어디선가 괴상한 소리가 들려왔다.

"쿵! 쿵! 쿵!"

"이게 무슨 소리지?"

"퉁! 퉁! 끼익!"

소리는 점점 커졌다.

"우주정거장에 무슨 일이 생긴 게 아닐까?"

"레오 로봇! 무슨 일인지 확인해 보자!"

"소리 탐지 모드 시작합니다."

"덜컹! 끼익! 덜컹!"

귀를 자극하는 날카로운 소리를 따라가자 정체 모를 우주선이 우주정거장 옆에서 삐걱거리고 있었다.

"레오 로봇! 저게 뭐야?"

"저건 우주선을 우주정거장에 연결하는 '도킹'을 하려는 거야."

우주선이 우주정거장에 착륙하려 했지만, 요란한 소리를 내며 계속 어긋났다.

"무슨 일인지 알아봐야겠어!"

우주유영(우주 공간을 떠다니는 것)복장으로 갈아입은 레오 로봇과 현수는 우주정거장 밖으로 뛰어들었다.

레오 로봇은 삐걱거리는 우주선과 교신을 시도했다.

“우리는 지구에서 온 우주인이다. 응답 바란다.”

뒤이어 다급한 목소리가 들려왔다.

“나는 수성에서 온 그루다. 우주선에 문제가 생겼다. 도움이 필요하다.”

레오 로봇은 우주정거장의 도킹 부위를 살펴봤지만 아무런 문제가 없었다.

“우주정거장의 도킹 부위는 문제가 없어요.”

“우주선 문제인 것 같아요. 잠시 우주선 도킹 모드

를 해제해 주세요."

그루의 우주선이 우주정거장 위로 떠 올랐다. 우주선의 도킹 연결 부위를 한참을 들여다보던 레오 로봇이 외쳤다.

"우주쓰레기가 우주선의 연결 부위에 끼어있어요."

레오 로봇의 공구 상자에서 커다란 집게가 튀어나와 스케치북만 한 고철 조각을 빼냈다. 그러자 요란한 소리를 내던 외계인 그루의 우주선이 우주정거장으로 쏙 들어와 착륙했다.

잠시 후, 복슬복슬한 털에 동그란 눈, 쫑긋한 귀를 가진 외계인이 우주선 밖으로 나왔다. 현수는 깜짝 놀라 뒷걸음쳤다.

"레오 로봇! 저, 저게 뭐야? 나 조금 무서워."

"외계인 처음 봤구나! 너무 놀라지 마!"

"우주정거장에는 사람뿐만 아니라 외계인도 쉬어 갈 수 있는 곳이야."

"레오 로봇 정말 고마워. 이놈의 우주쓰레기가 정말 말썽이라니까. 다시 인사할게. 나는 수성에 사는 그루라고 해!"

"엇, 저는 지구인 현수라고 해요. 근데 외계별에도 우주쓰레기 문제가 있나요?"

"그럼, 우주쓰레기 때문에 우주선이 계속 고장 나."

"근데 여긴 무슨 일로 온 거예요?"

"오늘 여기에서 우주쓰레기 회의가 있다길래 참석하러 왔지!"

"우리도 회의하러 가는 길이었어요! 같이 가요."

외계인들은 초능력을 쓰면서 우주를 날아다닐 줄 알았는데, 외모 빼고는 우리와 크게 다르지 않았다. 그리고 지구에 큰 피해를 주는 우주쓰레기가 외계별에도 큰 골칫거리였다니! 생각보다 문제 해결이 쉽지 않을 거란 생각이 들었다.

Q UFO는 진짜 있을까?

UFO는 '미확인 비행 물체'라는 뜻인데요. 한국 UFO 조사분석센터에 따르면 국내에서는 연간 400~500건의 UFO 목격 제보가 신고되고 있다고 해요. 이렇게 우리나라를 포함한 전 세계에서 UFO를 봤다는 사람들이 많지만 어떤 것도 과학적으로 확인되지는 않았어요. 미국에서는 2022년 'UFO 공개 청문회'까지 열어 조사했지만, 아직 정확한 정체를 밝혀내지 못했고요. UFO에 대한 논란은 지금까지 계속되고 있어요.

Q 외계인을 만날 수 있을까?

'넓은 우주에 생명체가 지구인들뿐일까?', '먼 우주에 다른 생명체들이 살고 있지는 않을까!' 하고 한 번쯤은 상상해 봤을 거예요. 과학자들은 이런 상상력을 바탕으로 우주에서 생명체의 증거를 끊임없이 찾고 있어요. 대표적인 외계인 찾기 프로젝트가 '세티(SETI) 프로젝트'인데요. 전파망원경으로 우주에서 오는 전파를 분석해서 인위적인 전파를 찾아내고 있어요. 이런 노력이 계속되면 조만간 현수처럼 우리도 외계인과 이야기할 날이 올지도 몰라요.

우주쓰레기 회의

우주쓰레기 회의장에 들어가니 수십 대의 모니터가 실시간으로 우주쓰레기의 위치를 보여주고 있었고, 모니터 앞에는 외계인과 인간이 섞여 앉아있었다.

"요즘 우주쓰레기가 너무 늘어났어요!"

우주정거장에서 봤던 외계인 그루가 목소리를 높였다.

"지구인들이 인공위성을 우주로 너무 많이 보낸 거

아닙니까?"

외계인이 지구인을 나무라듯 말하자, 지구인도 질 수 없다는 듯이 소리쳤다.

"외계인들이 우주에 지은 우주섬들은 어떻고요! 우주섬을 피하다, 우주 교통사고가 늘어나고 있는 거 알죠?!"

"자자자! 지금 싸우자고 모인 게 아니지 않습니까?"

김박사는 싸움이 더 커지기 전에 외계인과 지구인들을 진정시켰다. 그리고 모니터 앞쪽으로 자리를 옮기면서 얘기를 계속했다.

"우주를 떠도는 1억 개의 우주쓰레기 중에서 1급 위험 우주쓰레기들이 있어요."

버튼을 누르자 1급 우주쓰레기들이 빨간색으로 표시됐다. 갑자기 회의장이 술렁였다.

"엇! 저 큰 건 뭐죠?"

"10일 후면 지구를 위협할 큰 우주쓰레기가 떨어질 겁니다. 그 전에 우주쓰레기를 없애야 해요!"

"해결 방법이 있습니까?"

김박사가 연구 노트를 펼치며 말했다.

"제가 우주쓰레기를 파괴할 물질을 찾아냈습니다!"

"도대체 그 물질이 뭡니까?"

"칼립토라는 물질인데. 이 물질은 너무 희귀해서 극한 환경에서만 발견됩니다."

"칼립토는 어디에 있습니까?"

"안타깝게도 정확히 어느 행성에 있는지 알 수 없습니다. 외계인 여러분들도 칼립토에 대해 모르시나요?"

"저희가 알았으면 우주쓰레기를 해결했겠죠! 저희도 모릅니다."

"그럼 그 물질을 빨리 찾읍시다!"

"누가 가죠? 물질에 대해 알고 계신 김박사님이 정해주시죠."

"지구에서부터 우주쓰레기에 대해 계속 얘기해 온 지구팀. 저와 레오 로봇, 현수, 그리고 다른 행성에 대해 잘 알고 있는 외계인팀이 함께 가시죠."

우주선 문제로 만난 '그루'가 거침없이 일어났다.

"우리 별에서도 우주쓰레기 때문에 계속 연구 방법을 찾고 있었어요. 좋은 기회인 것 같으니 제가 가겠습니다."

외계인 그루와 지구인들이 모여 우주쓰레기 전담팀이 꾸려졌다.

"이제 칼립토만 찾으면 돼!"

현수의 마음속에 희망의 불씨가 생겨났다.

Q 우주쓰레기를 어떻게 처리해야 할까?

우주쓰레기를 없애기 위해서 많은 기관이 일을 하고 있어요. 대표적인 곳이 1959년에 만들어진 유엔 코푸스(UN COPUOS)라는 국제회의예요. 유엔 코푸스 회원국의 대표들은 우주쓰레기 문제를 해결하기 위해서 매년 회의하고 있는데요. 우주쓰레기를 줄이기 위해 국제 규칙을 만들어 배포했고요. 이 규칙을 지키기 위해 많은 나라와 기업이 우주쓰레기 청소 기술을 개발하고 있답니다.

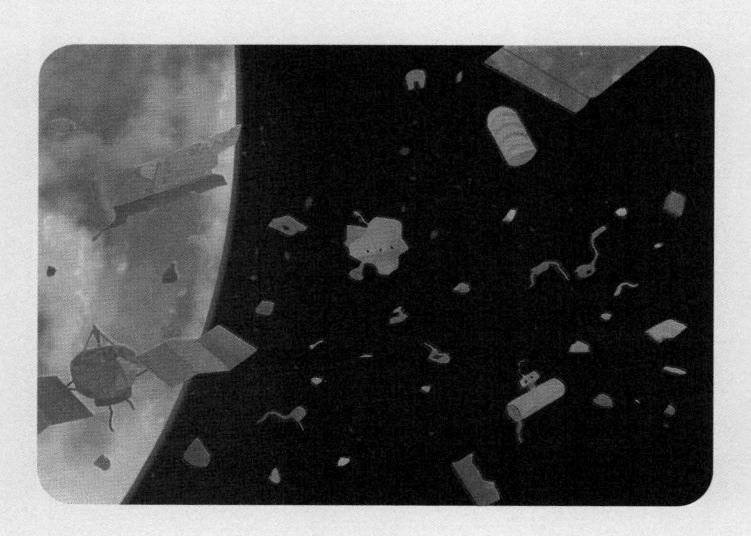

그렇다면, 우주쓰레기는 어떻게 청소해야 할까요? 다양한 해결책들이 나오고 있어요. 일본 스타트업 에일은 끈을 이용해 우주쓰레기를 다른 곳으로 옮기는 기술을 개발하고 있고요. 유럽우주국(ESA)은 로봇팔 4개가 달린 청소 위성을 올려 보낼 계획이에요. 이뿐만 아니라 작살로 우주쓰레기를 붙잡는 방법 등 다양한 방법들을 찾고 있어요. 여러분들이 과학자라면 우주쓰레기를 어떻게 처리할지 한번 상상해 보세요.

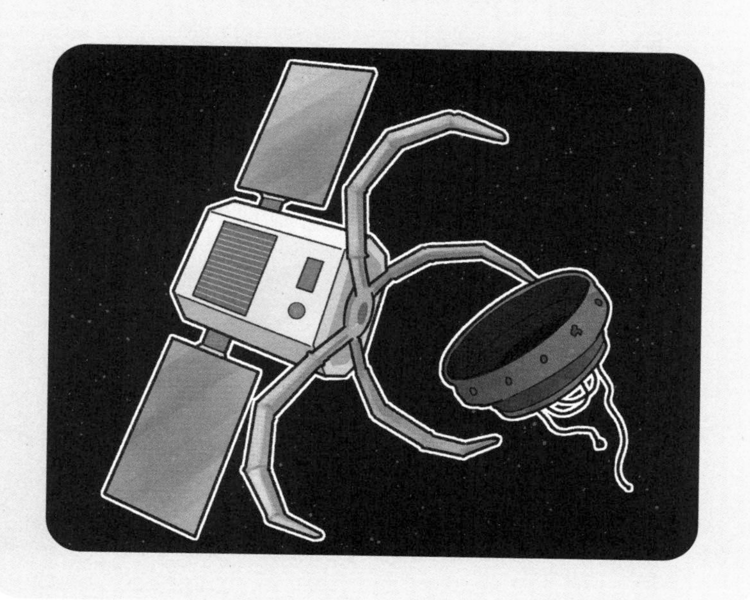

2부

우주쓰레기 탐험대! 태양계 수색작전

태양계를 찾아라

‘이 넓은 우주에서 칼립토를 어떻게 찾지?!’

현수는 골똘히 생각했지만, 답이 떠오르지 않았다.

“박사님 칼립토를 찾으려면 어떻게 해야 해요?”

“칼립토는 태양계의 초기 성질과 비슷해서 태양계에 있을 확률이 가장 높아. 태양계 중에서 어디를 먼저 갈지 항로를 정해야 해.”

“태양계라고 하면 수성, 금성, 지구, 화성 등… 행성

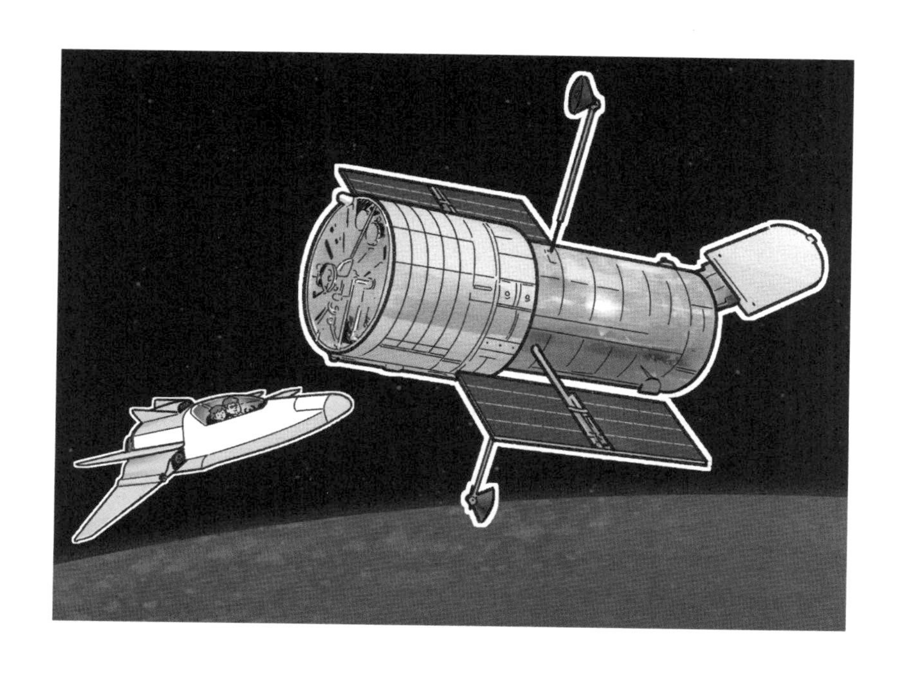

이 8개나 있잖아요. 어디부터 가야 해요?"

"태양계의 어떤 행성을 먼저 갈지 저걸 좀 이용해야겠군."

김박사는 창밖에 긴 원통을 가리켰다.

"저게 뭐예요?"

"저건 허블 우주망원경이라고 해. 지구에서는 아무리 성능이 좋은 망원경이라도 우주를 보는 데 한계가 있어. 그래서 우주 공간에 직접 망원경을 띄웠지."

"지구에서 보는 것보다 얼마나 더 잘 보이는데요?"

"50배 이상 더 자세히 볼 수 있어. 레오 로봇! 허블 우주망원경으로 태양계의 행성들을 살펴보렴."

레오 로봇은 허블 우주망원경 위로 뛰어 올라갔다. 익숙한 듯 망원경으로 이리저리 우주 공간을 살피며 데이터를 저장했다.

"김박사님! 금성에서 화산이 폭발해 새빨간 용암이 솟아오르고 있습니다!"

"저 정도의 극한 환경이라면… 금성에 칼립토가 있을지도 모르겠구나."

"어서 장비를 챙겨서 금성으로 가자!"

김박사의 말이 떨어지자마자, 레오 로봇은 분주히 우주선을 조종하기 시작했다. 김박사의 우주선은 금성을 향해 출발했다.

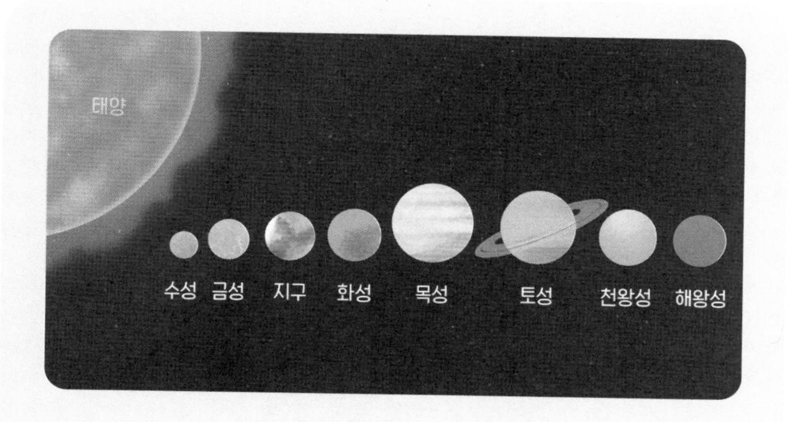

Q 태양계는 뭘까?

우주에는 수천억 개나 되는 별들의 무리가 있는데, 이 무리를 '은하'라고 불러요. 그중 태양과 지구가 속한 별의 무리가 '우리은하'랍니다. 우리은하 안에는 태양과 태양 주변을 도는 수성, 금성, 지구, 화성, 목성, 토성, 천왕성, 해왕성 8개의 행성이 있는데요. 이 행성을 태양계라고 불러요. 태양의 힘이 미치는 8개의 행성 가족인 거죠.

Q 행성이 뭐예요?

지구는 행성이고 태양은 항성인데요. 스스로 빛을 내는 천체를 항성이라고 하고, 스스로 빛을 낼 수 없는 천체를 행성이라고 해요. 그래서 혼자서 빛을 내뿜는 태양은 항성이고, 지구는 스스로 빛을 낼 수 없으니까 행성이죠. 그리고 행성 주변을 빙글빙글 도는 천체를 위성이라고 해요. 대표적인 위성은 지구 주변을 도는 달이 있어요.

Q 우리가 쓰는 요일이 태양계와 관련이 있다고?

옛날 사람들은 천체가 운명을 결정한다고 생각했어요. 그래서 사람의 눈으로 볼 수 있는 천체인 태양, 달, 수성, 금성, 화성, 목성, 토성을 활용해서 요일을 만들었어요. 월요일은 달, 화요일은 화성, 수요일은 수성, 목요일은 목성, 금요일은 금성, 토요일은 토성, 마지막 일요일은 태양이에요.

Q 허블 우주망원경이 뭘까?

허블 우주망원경은 1990년 우주 공간에 설치된 망원경인데요. 지구에서 천체를 관측하려고 하면 지구 대기와 인공 불빛 때문에 우주를 자세히 볼 수 없어요. 그래서 과학자들은 우주의 모습을 직접 관측해야겠다고 생각했고, 20년에 걸쳐 슈퍼 망원경인 '허블 우주망원경'을 개발했는데요. 30년간 약 140만 건이 넘는 관측 활동을 하면서 우주에 대한 궁금증을 풀어주고 있어요.

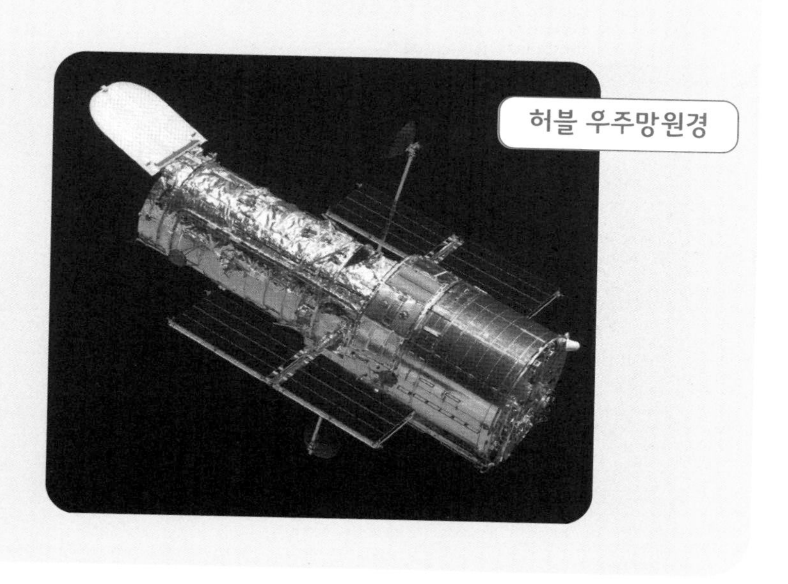
허블 우주망원경

그리고 2021년 12월 허블 우주망원경보다 100배 성능이 뛰어난 제임스웹 우주망원경이 우주로 발사됐어요. 세계 최대 규모의 이 우주망원경은 나사와 유럽우주국, 캐나다 등 여러 국가들이 26년간 약 13조 원을 투입해 개발했는데요. 허블 우주망원경보다 더 깊은 우주를 살펴보면서 머나먼 초기 우주, 외계행성 관측 등 다양한 임무를 해내고 있어요.

제임스웹 우주망원경

무시무시한 황금빛 행성 금성

한참을 날아가다 보니 황금빛으로 둘러싸인 별이 보였다.

"저게 태양인가요?"

"아니! 저건 금성이야."

외계인 그루가 대답했다.

"너무 예뻐요!"

"겉모습이 예쁘다고 방심해선 안 돼! 저 행성은 불

같이 뜨겁단다.”

김박사가 경고하듯 말했다.

우주선이 서서히 속력을 줄여 금성에 접근했다.

금성 곁으로 다가가자 끼이익 소리를 내며 우주선이 구겨지기 시작했다.

“아아악! 왜 이러지?”

현수가 잔뜩 겁을 먹은 채 소리쳤다.

“금성 대기의 압력이 지구보다 90배나 커서 웬만한 물체들이 금성에 가면 납작하게 구겨질 수 있어!”

“우리 우주선 어떡해요! 그리고 우주선이 점점 뜨거워지고 있어요!”

“여긴 도대체 몇 도 길래 이렇게 더운 거예요?”

“500도 가까이 된단다. 이 온도는 피자가 화덕에서 구워질때 온도란다.”

김박사가 말했다.

"너무 뜨거워요! 우주선이 타버릴 것 같아요. 김박사님! 이런 곳에 칼립토가 있을 것 같지 않아요!"

"그래도 그냥 돌아갈 순 없어."

"레오 로봇! 우주선의 비상 모드를 작동하자!"

레오 로봇이 버튼을 누르자 '우우웅' 소리와 함께 거센 바람이 우주선을 감쌌다.

"냉각 장치를 작동했으니 잠깐은 버틸 수 있어. 빨리 금성을 살펴보자."

김박사의 우주선은 금성 여기저기를 날아다녔다. 그때 탐지 레이저가 어떤 신호를 감지했는지 소리를 내기 시작했다.

"저 아래 뭔가가 있나 봐요! 그런데 금성은 뜨거워서 밖으로 나갈 수 없잖아요!"

그루가 걱정하듯 말했다.

"이런 비상상황에 대비해서 우주정거장에서 우주

선의 집게팔을 수리해놨지!”

김박사가 사각형의 버튼을 누르자 ‘위잉’하는 소리와 함께 우주선 양쪽에서 사람 팔 같은 집게가 튀어나왔다.

“우주쓰레기를 만나면 사용하려고 개발했지. 냉각장치가 얼마나 더 버틸지 모르니 빨리 움직이자.”

신호가 점점 강해지자 김박사는 우주선의 팔을 그곳에 고정했다.

"여기다! 여기에 칼립토가 있을 거야!"

김박사는 팔을 움직여 가까이 다가갔고 뒤이어 땅을 파헤치기 시작했다. 얼마간 흙을 파헤쳐 내자 우주선 팔에 어떤 물질이 감지됐다. 얼음같이 투명한 물질이었다.

"생김새는 비슷한 것 같은데, 칼립토가 맞는지 분석해 봐야겠어."

정체 모를 물질이 우주선 내부의 보관함으로 들어왔다. 김박사와 레오 로봇은 이 물질의 정밀 분석을 시작했다. 그리고 잠시 후 우주선 실험실에서 나왔다.

"그 물질이 우리가 찾는 칼립토가 맞나요?"

현수와 외계인 그루가 설렌 표정으로 물었다.

"아쉽지만 이건 우리가 찾고 있는 칼립토가 아닌 것 같아."

김박사는 실망한 표정을 숨기지 못한 채 대답했다.

"근데 왜 탐지기가 반응한 거죠."

“일부 칼립토와 비슷한 성질이 있어서. 탐지기가 반응한 것 같아.”

“우주는 넓어서! 계속 탐사를 하면 꼭 칼립토를 찾을 수 있을 겁니다.”

레오 로봇이 모두를 응원하듯 말했다. 김박사는 고개를 끄덕이며 힘을 냈다.

“그럼 이제 다음 행성으로 출발합시다.”

우리는 태양계의 또 다른 행성으로 이동했다.

Q 너무 예쁜 황금빛 행성 금성(Venus)?

금성의 영어 이름은 비너스(Venus)인데요. 너무 아름다워서 로마 사람들은 사랑과 아름다움의 여신 비너스의 이름을 붙였어요.

Q 태양계에서 가장 뜨겁다고?

금성의 최고 온도는 무려 500도에 가깝다고 해요. 원인은 이산화탄소 때문이에요. 금성 대기의 96.5%가 이산화탄소인데요. 이산화탄소는 태양열을 가둬두는 성질이 있어요. 이런 성질 때문에 지구의 온도가 상승하는 '지구온난화'를 일으키기도 하죠. 금성은 태양에서 가까워서 태양열을 많이 받고, 게다가 태양열을 가두는 이산화탄소도 많으니 온도가 높을 수밖에 없어요.

Q 무시무시한 행성 금성?

사람들은 금성에 오랫동안 관심을 가져왔어요. 생명체가 살만한 곳이라고 생각했기 때문이에요. 1960년대부터 소련과 미국은 금성에 탐사선을 여러 번 보냈어요.

하지만 금성은 생각보다 무서운 곳이었죠. 1967년 소련의 베네라 4호는 금성 대기권에 들어간 뒤 엄청난 대기압을 견디지 못하고 폭발했어요. 그 뒤 같은 해 미국의 매리너 5호가 금성에 도착해 대기압을 측정했더니 대기압이 지구의 90배였다고 해요. 뜨겁고, 대기압까지 강한 무서운 환경 때문에 금성에 탐사선을 보내면 며칠밖에 버티지 못했다고 해요.

베레나 4호

매리너 5호

태양계에서 가장 작은 행성 수성

첫 번째 도착한 금성에서 위기를 넘긴 현수는 걱정이 많아졌다.

"그루! 태양계 행성들은 생각보다 더 위험한 것 같아. 네가 사는 곳은 어때?"

"내가 사는 행성은 말이야… 엇, 저기 보인다!"

겉면이 울퉁불퉁한 못생긴 행성이 눈에 들어왔다.

"짜잔! 우리별 수성이야!"

“엇, 근데 저 행성은 왜 저렇게 울퉁불퉁해?”

“수성은 태양과 가까워서 태양열을 많이 받아. 이 뜨거운 태양열 때문에 암석이 녹아서 깨지고 식으면서 쭈글쭈글해졌고 소행성들이 충돌하면서 구덩이들이 많이 생겼어.”

“그루! 혹시 칼립토가 수성에 있지 않을까?”

현수가 기대감에 찬 얼굴로 물었다.

"칼립토를 찾으라고 이미 수성 본부에 얘기해놨는데… 수성에는 없는 것 같다는 답을 받았어. 수성 말고 다른 행성을 찾아봐야 할 것 같아."

"현수야 너무 실망하지 마. 앞으로 갈 행성들이 많이 남아 있어."

"김박사님 수성에서 가장 가까운 태양을 살펴보는 게 어떨까요?"

"그래! 태양이라면 가능성이 있지! 빨리 수성을 지나가자."

우주선이 수성을 지나기 위해서 속도를 높였다. 그런데 수성과 가까워지자 갑자기 너무 추워 입술이 덜덜 떨렸다.

"그루! 왜 갑자기 추워지는 거야?"

"해가 없는 곳으로 가고 있어서 그래! 수성은 해가 있는 곳은 400도 정도 되지만 해가 없으면 영하 180

-180℃
SUN
MERCURY
400℃

도 정도로 온도가 뚝 떨어져!"

"온도가 이렇게 심하게 차이 난다고?"

"우린 익숙하지만, 지구인들은 감기 걸릴 수도 있지."

"수성은 지구인들이 살기에는 힘들 것 같아."

"수성에 얼마나 재밌는 곳이 많은데! 우주쓰레기 문제만 해결하면 운석 구덩이 투어 시켜줄게!"

"응! 꼭 초대해 줘! 가보고 싶어."

그때 김박사가 긴장하며 말했다

"이제 조금만 더 가면 태양이 보일 거야! 태양은 엄청 뜨거우니까 지금부터 마음의 준비 단단히 하고 있어."

Q 태양계에서 가장 작은 행성 수성?

수성은 태양계에서 가장 작은 행성이에요. 지구의 18분의 1 정도 되는 크기인데요. 작지만 태양과 제일 가까워서 어마어마하게 뜨겁고 태양풍이 불어서 수성에는 공기가 없다고 해요. 작지만 만만하게 볼 행성은 아니죠.

Q 수성의 하루는 59일?

1년을 365일이라고 말할 때, 1년은 지구가 태양을 한 바퀴 도는 기간을 말해요. 하루 24시간은 지구가 스스로 한번 도는 시간이죠. 만약에 지구가 100일 동안 태양을 한 바퀴 돌면 지구의 1년은 100일이 되는 거예요.

그럼 수성은 어떨까요? 수성은 태양을 한 바퀴 도는데 지구 기준으로 88일이 걸려요. 그러니까 수성의 1년은 지구의 88일이 되고요. 수성은 스스로 한 바퀴 도는 데 약 59일이 걸려서, 수성의 하루는 지구의 59일이 돼요.

Q 수성 탐사선이 있을까?

수성은 과학적으로 재미있지만, 이용 가치가 높지 않다고 판단돼서 탐사가 잘 이뤄지지 않아요. 최초로 수성을 탐사한 우주선은 미국의 매리너 10호인데요. 1973년 11월 발사된 이후 1975년까지 3번에 걸쳐 수성을 탐사했어요. 매리너 10호는 수성의 온도를 측정하고, 수성 궤도의 특성을 발견해 냈죠.

그 후 2004년 8월 3일 미항공우주국(NASA)이 메신저호를 발사했는데요. 7년 동안 비행하면서 2011년 3월 18일 수성에 도착하게 됩니다. 오랜 시간이 걸려 도착해서 지치진 않았을까요? 다행히 지친 기색 없이 2015년까지 수성 표면의 정밀 지도를 완성했어요.

매리너 10호

태양이 폭발했다

"레오 로봇! 지금부터 엔진을 최대 출력으로 가동한다."

"엔진 최대 출력 가동."

레오 로봇이 우주선 손잡이를 위로 들어 올리자 우주선은 커다란 소리를 내면서 전속력으로 날아가기 시작했다. 얼마나 시간이 흘렀을까 갑자기 엄청난 굉음이 들려왔다.

"웅~~~ 우웅웅, 쾅!"

정체불명의 소리에 놀라 창밖을 보니 저 멀리 태양이 보였다. 화산이 폭발한 것 같은 엄청난 열과 빛을 뿜어내고 있었다.

"김박사님 이게 무슨 소리죠?"

"우주선에 무슨 문제가 생긴 것 같구나."

“삐익! 삐익! 삐익!”

요란한 위급 사이렌 소리가 우주선 안을 가득 채웠다.

“김박사님, 우주선이 왜 이러는 거예요?”

“속력을 내려고 해도 우주선이 뒤로 밀리고 있어.”

“네? 우주선이 고장 난 건가요?”

“태양풍 때문인 것 같아!”

"태양풍이 뭐예요?"

"태양에서 불어오는 바람인데, 엄청나게 높은 에너지가 빠른 속력으로 날아오는 거야. 꼭 잡아! 이대로 가다가는 저 멀리 밀려나겠어!"

"위~~~~이이잉이잉"

"쿵쿵!"

"레오 로봇, 파워 출력 모드 작동."

태양풍의 힘을 이겨내기 위해 우주선은 안간힘을 썼다.

우주선과 태양풍의 아슬아슬한 힘겨루기가 계속됐지만, 현수가 할 수 있는 일은 그저 바라만 보는 것이었다. 이대로 가다간 우주의 미아가 될 수 있겠다는 공포감이 현수를 덮쳤다. 그때 우주선이 엄청난 불길에 휩싸였다.

"우주선에 불이 붙었어요!"

그루가 소리쳤다. 자욱한 연기가 우주선을 가득 채

웠다.

"모든 대원! 비상구 쪽으로!"

매캐해진 연기 때문에 현수는 정신을 차릴 수 없었다. 외계인 그루가 현수를 부둥켜안고 비상 탈출구로 데려갔다. 하지만 문은 이미 불길에 휩싸였고 아무리 세게 밀어도 열리지 않았다. 김박사의 우주선은 통제력을 잃으며 항로를 벗어났고 우리는 우주선 여기저기에 부딪히며 쓰러졌다.

Q 태양은 얼마나 클까?

태양은 지구 지름의 109배나 크고요, 부피는 130만 배 커요. 지구 하늘에서 조그맣게 보이는 태양이 이렇게 크다니 놀랍죠? 우리 눈에 태양이 작게 보이는 이유는 태양과 지구의 거리가 너무 멀기 때문이에요. 지구와 태양은 약 1억 5천만km 떨어져 있어요.

Q 태양은 얼마나 뜨거울까?

태양은 상상을 초월할 만큼 높은 온도로 46억 년 동안 불타고 있는데요. 태양 표면은 약 5,800도의 온도를 유지하고 있어요. 쇠를 단번에 녹이고도 남을 온도죠. 태양은 이렇게 뜨거운 열과 빛을 지구로 보내 다양한 생명체들이 살아갈 수 있게 해주는 고마운 존재예요.

Q 지구는 왜 태양 주변을 돌까?

질량을 가진 모든 물체는 서로 끌어당기는 힘인 '만유

인력'이 존재하는데요. 태양과 지구도 서로 끌어당기고 있어요. 하지만 태양과 지구는 무게 차이가 어마어마해요. 태양은 태양계 전체 질량의 약 99%를 차지할 만큼 엄청나게 무겁죠. 무게 차이가 압도적으로 나니까, 끌어당기는 힘도 차이가 나겠죠? 결국 가벼운 지구가 무거운 태양 주변을 돌게 되는 거랍니다.

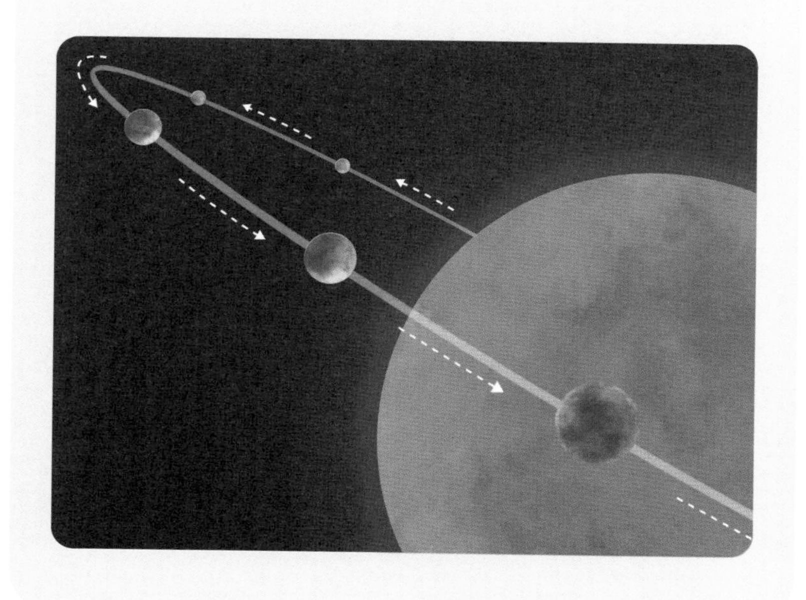

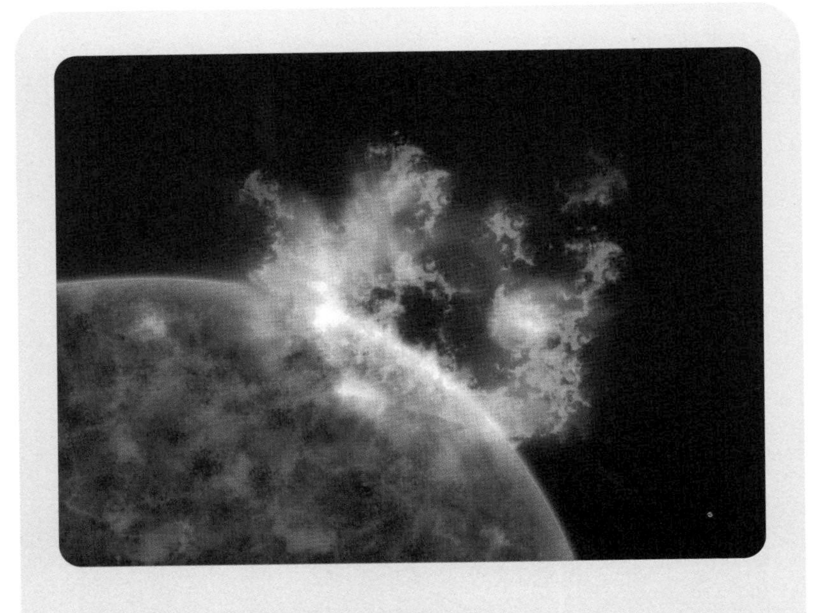

Q 태양에서 폭발이 일어난다고?

태양은 뜨거운 불덩이예요. 그래서 가끔 태양 표면에서 큰 폭발이 일어나는데요. 한 번 폭발하면 지구 크기보다 훨씬 큰 불꽃이 생기면서 엄청난 에너지를 뿜어내요. 이 에너지는 지구 주변에 큰 피해를 주기도 해요. 위성이나 통신 장애를 일으키고 우주비행사에게도 치명적인 위협이 될 수 있어요.

Q 태양에 갈 수 있을까?

태양은 너무 뜨거워서 사람들이 갈 수 없는 신비의 존재였어요. 과학자들은 태양의 비밀을 풀기 위해 2018년 8월 태양탐사선 '파커'를 우주로 쏘아 올렸는데요. 태양의 뜨거운 열을 탐사선이 견딜 수 있을까요? 과학자들은 태양열을 막기 위해 방열판을 설치하고 탐사선의 부품도 열에 강한 물질로 만들어서 태양열을 극복했다고 해요. 파커는 7년 동안 태양을 24바퀴 돌면서 태양의 비밀을 밝혀냈습니다.

우리를 살린 달 탐사로봇

눈을 떠보니 황량한 사막 같은 메마른 땅이 눈앞에 펼쳐졌다.

'여긴 어딜까? 시간이 얼마나 흐른 걸까?'

현수는 천천히 고개를 돌려 주변을 둘러봤다. 저 멀리 거대한 구덩이에서 연기가 피어오르고 있었다.

"저 구덩이에 우주선이 있을지 몰라. 가봐야겠어."

희미해진 정신을 부여잡고 구덩이 쪽으로 걸어가

기 위해 몸을 일으켰지만 똑바로 걸을 수 없었다. 한 발을 뗄 때마다 몸이 뒤뚱거렸다.

분명 지구와 똑같은 힘으로 걸었는데 더 높게 떠올랐다.

"이곳은 지구보다 중력이 약한 행성인 게 틀림없어."

현수는 이곳이 어딘지 알아보기 위해 두둥실 떠오

SOS

르는 두 발을 내디디며 앞으로 걸어갔다.

구덩이 안을 조심스럽게 들여다보니 김박사의 우주선이 있었다.

"현수야, 다친 데 없어?"

레오 로봇과 그루, 김박사가 우주선 뒤쪽에서 걸어 나왔다.

"네. 저는 괜찮아요. 다들 괜찮으세요?"

"우리는 다행히 안 다쳤는데 우주선이 고장 났어!"

그루가 망가진 우주선을 바라보며 말했다.

"아직 칼립토를 찾지도 못했는데, 우린 어떡해요."

김박사는 구덩이가 듬성듬성 있는 땅 주변을 한참 둘러보았다.

"표면에 분화구가 많은 걸 보니, 여긴 달인 것 같구나! 달에는 지구에서 보낸 달 착륙선들이 많으니 도움을 요청할 수 있을 거야. 비상 신호탄을 쏘아 올려서 신호를 보내자."

김박사가 끼고 있던 반지를 돌리자 SOS 구조 신호가 빛으로 생성돼 하늘 위에 선명하게 펼쳐졌다.

"쿵쿵쿵쿵"

"뭔가 다가오고 있어요!"

현수가 다급하게 외쳤다.

잠시 후 거대한 로봇이 나타나 우리 주변을 빙글빙글 돌았다. 그리고 로봇에서 음성이 흘러나왔다.

"당신들은 누구입니까?"

"태양 근처를 탐사하다 태양 폭발 때문에 우주선이 고장 났습니다. 우리를 좀 도와주실 수 있나요?"

"혹시 김박사님 아니세요?"

"네. 맞는데… 절 아시나요?"

"저 안박사예요."

로봇에서 지구인이 껑충 뛰어내렸다.

우주쓰레기를 연구하는 김박사의 후배 안박사였다. 반가움도 잠시, 안박사는 우주선의 상태를 재빠르게 살폈다.

“상황이 급하신 것 같으니, 수리 로봇을 보내 우주선을 수리하겠습니다. 우주인들은 달에 있는 중앙센터로 같이 가시죠.”

달에 있는 안박사의 중앙연구센터에서도 우주쓰레기의 상황을 실시간으로 체크하고 있었다.

“우린 우주쓰레기를 해결할 수 있는 물질, 칼립토

를 찾고 있어.”

“달에 칼립토가 있을까?”

김박사가 말했다.

“저도 박사님께 연구자료를 받고 달을 샅샅이 찾아 봤는데 달에는 없어요.”

안박사가 아쉬움을 토로했다.

“우주선이 고쳐지는 대로 다른 행성을 찾아봐야겠네.”

“화성에는 희귀한 자원이 많아요. 칼립토가 화성에 있을 수도 있어요.”

“음… 가능성이 높지! 우리의 다음 목적지는 화성이다!”

Q 달에서는 왜 점프하면서 다닐까?

달의 중력은 지구의 6분의 1밖에 안 돼요. 중력이 약한 달에 가면 몸이 가벼워져서 공중을 떠다니듯 걷게 되는 거예요. 지구에서 30cm 뛰어오르면 같은 에너지로 달에서는 약 1.8m를 뛸 수 있어요.

Q 달에 처음 간 사람은 누굴까?

1969년 7월 16일, 인류 최초로 달 착륙선 아폴로 11호가 미국 케네디 우주센터에서 발사되었어요. 아폴로 11호는 4일 동안 쉬지 않고 날아갔고, 7월 20일. 아폴로 11호에서 내린 닐 암스트롱이 달에 처음으로 발을 디디면서 인류의 흔적을 남겼죠. 닐 암스트롱은 둥둥 떠다니면서 미국 국기를 달 표면에 꽂았는데요. 이 장면은 텔레비전으로 전 세계에 생중계됐어요.

달에 첫발을 내디딘 닐 암스트롱을 시작으로 모두 12명의 사람이 달에 가게 돼요. 하지만 1972년 12월 아폴로 17호가 마지막으로 달에 다녀온 뒤 미국은 경제

적인 이유로 유인 달 탐사를 중단하게 됩니다.

Q 다시 사람을 달에 보낸다고?

최근 미국이 다시 인류의 달 착륙을 추진하고 있는데요. 2025년까지 달에 사람을 보내는 '아르테미스 계획'이에요. 왜 사람이 달에 가야 할까요? 달에는 지구에서 구하기 힘든 희귀한 자원이 풍부하게 매장돼 있고요. 더 먼 우주를 탐험할 때 지구에서 가까운 달을

중간 기지로 활용할 수 있기 때문이에요.

Q 한국 최초의 달 궤도선 '다누리'?

한국도 달에 사람을 보내는 아르테미스 계획에 참여하고 있어요. 이 미션을 위해 2022년 8월 5일 대한민국 최초의 달 궤도선 '다누리'를 발사했어요. 2022년 12월 다누리는 달 궤도에 성공적으로 진입해, 달의 지형과 자기장, 자원 지도를 작성하고 있고요. 달 착륙 후보지를 탐색하는 임무를 수행하고 있어요.

Q 달 탐사선, 달 궤도선 뭐가 다를까?

달 탐사를 하기 위해서는 두 종류의 탐사선이 필요한데요. 달 궤도선과 달 착륙선이에요.

다누리 같은 달 궤도선은 지구가 태양의 둘레를 도는 것처럼 달의 궤도를 따라 움직이면서 공중에서 달을 관찰하고요. 달 착륙선은 달 표면에 착륙해서 직접 달을 탐사하는 우주선이에요.

Q 달 관광을 할 수 있다고?

2023년 일반 사람들이 최초로 달 여행을 하는 '디어문' 프로젝트가 공개됐는데요. 국제정거장에 머무른 적이 있는 일본의 억만장자가 다양한 사람들이 우주에 갔으면 좋겠다고 밝히면서 프로젝트를 시작했어요. 총 8명의 사람이 선발됐는데, 한국 민간인 최초로 가수 탑(본명 최승현)이 선발돼 달 여행을 가게 됐어요. 디어문 프로젝트가 성공한다면 이제 휴가로 달여행을 가게 될 날이 올지도 모르겠네요.

붉은 별 화성에서 산 타기

붉게 물든 행성 화성에 도착했다. 나무도, 동물도 풀 한 포기도 보이지 않고, 오직 붉은 땅에 커다란 바위산만 울퉁불퉁 솟아있었다. 붉은 토양이 신비롭게 느껴졌다.

"그루! 이 별은 왜 이렇게 온통 빨개?"

현수가 물었다.

"흙 때문에 그래. 흙에 철 성분이 많으면 붉어지거

든. 그래서 화성의 별명이 '붉은 행성'이란다."

"왠지 화성이라면 칼립토가 있을 것 같아."

"자자! 다들 힘을 내서 찾아보자!"

우리는 칼립토 탐지기를 하나씩 들고 화성에 착륙했다.

"김박사님! 저 높은 산은 뭐예요?"

"태양계에서 가장 높은 올림푸스산이란다."

너무 높아 꼭대기를 올려다보는 것만으로도 목이 아파왔다.

"너무 높은데! 저희 저기까지 올라가야 하나요?"

"당연하지! 칼립토가 어디 있을지 모르는데?"

김박사가 단호하게 대답했다. 지구에서도 산에 잘 올라가지 않았는데 우주에 와서 산에 갈 줄은 몰랐다. 붉게 물든 산은 더 높아 보이고, 힘들어 보였다.

"헉, 헉, 헉! 조금만 쉬었다 가면 안 돼? 너무 힘들어, 그루."

"여기서 못 찾으면 안 돼! 가야 할 행성들이 얼마 안 남았다고! 빨리 찾아야 해!"

외계인 그루는 힘든 기색 없이 날쌔게 올라갔다. 레오 로봇도 그 뒤를 쌩쌩 달려갔다.

"너무 힘들면 천천히 와! 그루와 내가 위쪽을 탐지할게."

레오 로봇이 현수에게 말했다.

김박사와 현수는 올림푸스산 아래쪽을 살펴보기로 했다. 땀을 뻘뻘 흘리며 여기저기를 돌아다녔지만 칼립토 탐지기의 신호는 울리지 않았다.

“김박사님. 이 탐지기 고장 난 거 아니죠? 이렇게 열심히 찾았는데 너무 조용해요.”

“아래쪽은 없는 것 같아. 그루와 레오 로봇에게 기대해 보자.”

잠시 후 레오 로봇과 그루가 내려왔지만 풀이 죽은 표정을 보니 아무것도 못 찾은 게 분명했다.

“다들 고생했어! 화성에는 칼립토가 없는 것 같아.”

김박사가 심각하게 말했다. 현수는 온몸에 힘이 쭉 빠졌다.

‘이 넓은 우주에서 어디로 가야 칼립토를 찾을 수 있을지 모르겠다.’

그때 레오 로봇에게 데이터가 전송됐다. 달에서 만난 안박사였다.

칼립토가 우주 얼음이 있는 곳에서

추출된다는 자료를 발견했음

유력후보 : 얼음 행성 천왕성

다음 장소가 정해졌다. 우리는 천왕성을 향해 우주선을 출발했다.

Q 에베레스트보다 높은 산이 화성에 있다고?

지구에서 가장 높은 산은 높이 8,848m인 에베레스트 산이에요. 화성에는 이 에베레스트산보다 3배나 높은 올림푸스 산이 있어요. 태양계에서도 제일 큰 화산이에요. 이 거대한 산이 폭발하면 어쩌죠? 하지만 걱정하지 마세요! 지금은 활동하지 않는 죽은 화산이에요.

Q 화성으로 이사 갈 수 있다고?

지구에서 살기 힘들 때를 대비해서, 과학자들은 '화성 이주 프로젝트'를 계획하고 있어요. 왜 하필 화성일까요? 화성은 지구와 비슷한 조건을 가지고 있어요. 대기가 있어서 바람도 불고 계절도 바뀌어요. 그리고 물의 흔적도 발견됐죠. 세계 각국의 여러 과학자가 화성 이주를 실현하기 위해서 다양한 기술을 개발하고 있어서, 미래에는 화성에서 살게 될지도 몰라요.

Q 화성 탐사차 경쟁?

화성에 물과 생명체가 있을 거란 믿음 때문에 수많은 탐사선이 오갔는데요. 1964년 발사된 미국의 마리너 4호를 시작으로, 1971년 발사된 마리너 9호는 화성 표면의 70% 촬영해 물의 가능성을 확인했고요. 1975년 발사된 미국의 바이킹 1, 2호도 화성의 다양한 사진을 지구로 전송했어요. 하지만 과학자들은 여기에 만족할 수 없었어요.

1990년부터는 화성 곳곳을 다니면서 탐사할 수 있는 '탐사차'를 보내기 시작합니다. 1997년 소저너 탐사차가 최초로 화성에 도착했고요. 2012년 화성에 착륙한 큐리오시티는 호수와 생명체의 흔적을 찾아내기도 했어요. 큐리오시티는 아직도 계속 화성 탐사를 하고 있다고 해요.

큐리오시티

땅이 없는 이상한 행성 목성과 토성

화성과 천왕성은 아주 멀리 떨어져 있었다. 덕분에 현수와 우주인들은 잠시 휴식을 취할 수 있었다. 놀랍도록 아름다운 우주의 별들을 바라보며 현수는 다시 우주에 왔다는 사실을 실감했다.

"엇! 저게 뭐지?"

창문 밖으로 엄청나게 많은 바위가 순식간에 지나갔다.

"또 우주쓰레기는 아니겠지?"

우주쓰레기 때문에 우주선이 망가진 기억이 떠올라 겁이 났다.

"저건 화성과 목성 사이에 있는 소행성대야."

그루가 대답했다.

자세히 보니 작은 바윗덩어리들이 고리처럼 긴 띠를 이루고 있었다.

"퉁, 퉁."

수천 개의 소행성대의 바위 조각들이 우주선을 때렸다.

"빨리 여길 피해야겠구나! 레오 로봇 속도를 높여!"

김박사가 레오로봇을 향해 외쳤다. 레오 로봇은 속도를 높여 바위 사이를 이리저리 피했다. 현수는 요동치는 몸을 고정하기 위해 의자를 꼭 붙잡으며 악착같이 버텼다. 팔이 아프기 시작했다.

"레오 로봇! 빨리 여기에서 벗어나게 해줘!"

현수가 외쳤다.

레오 로봇의 화려한 조종 솜씨 덕분에 가까스로 소행성대를 빠져나올 수 있었다.

“저것 좀 봐! 목성이야!” 그루가 외쳤다.

소행성대를 빠져나오자 어마어마하게 큰 행성 목

성이 보였다.

“그루! 목성이 이렇게 큰지 몰랐어. 태양만큼이나 큰 것 같아.”

“목성은 태양계 행성 중에서 가장 커.”

“여기를 다 훑어보려면 시간이 오래 걸릴 거 같아요! 서둘러요.”

현수가 다른 사람들을 재촉했다.

그때 김박사가 말했다.

“목성은 착륙할 수가 없단다.”

“너무 커서 가기도 전에 포기하는 거예요? 안 돼요, 안돼!”

“그게 아니야. 직접 보여줄게.”

당황한 김박사는 방향을 틀어 목성의 한가운데로 날아갔다. 그러자 이상한 풍경이 눈앞에 펼쳐졌다. 목성에는 땅이 없었다.

“이, 이게 뭐죠? 왜 땅이 없어요?”

“목성은 가스로 되어있어서 땅이 없단다. 토성도 마찬가지야, 그래서 내릴 수가 없어. 게다가 목성은 거대한 소용돌이가 매일 일어나.”

김박사의 말이 끝나기 무섭게 엄청난 먼지가 뒤엉켜 있는 소용돌이가 우리를 향해 다가왔다. 목성의 모든 먼지와 가스들이 저 소용돌이 안으로 빨려 들어가는 것 같았다. 엄청나게 빠른 속도와 힘을 발산하며

이동하고 있었다.

"저기 소용돌이다! 근처로 오기 전에 빨리 목성을 벗어나야 해."

그루가 다급하게 말했다.

"꾸물거릴 시간이 없어! 천왕성으로 이동하자!"

김박사가 레오 로봇에게 말했다.

Q 목성은 태양계에서 가장 큰 행성?

목성은 지구보다 11배 커요. 부피는 1,300배 크고요, 질량은 지구의 318배나 돼요. 목성은 너무 커서 옛날 사람들은 로마 신화에 나오는 신들의 왕, 제우스의 또 다른 이름 '주피터(Jupiter)'라고 불렀어요. 태양처럼 스스로 빛을 내면서 질량이 조금 무거웠다면 태양을 제치고! 태양계의 왕이 될 수도 있었을 텐데 아쉽네요.

Q 목성은 친구가 가장 많은 행성?

지구의 친구는 달 하나예요. 지구 곁을 돌며 지구의 '위성'이라 불리고 있죠. 태양계에서 가장 친구가 많은 행성은 목성인데요. 목성의 위성 친구들은 92개로 태양계에서 가장 많은 위성을 거느린 행성이에요.

Q 목성보다 더 무서운 토성?

토성은 목성과 같이 가스로 가득 차 있어요. 그리고 태양과 멀리 떨어져 있어서 너무 추워요. 온도가 영하 176도로 아주 낮죠. 게다가 목성의 소용돌이보다 5배 빠른 소용돌이가 있어서 사람이 살 수가 없어요.

Q 토성의 상징, 아름다운 고리?

이탈리아 천문학자 갈릴레이가 1610년 토성의 고리를 처음 발견했는데요. 당시에는 망원경의 해상도가 높지 않아서 '토성의 귀'라고 생각했어요. 그 뒤 1659년 네덜란드의 천문학자 호이겐스가 '토성의 귀'는 얇고 평평한 고리라는 걸 밝혀냈죠. 실제로 토성은 수천 개의 아름다운 고리를 가지고 있는데요. 이 고리는 크고 작은 얼음 조각으로 이뤄져 있어요.

얼음 행성 천왕성에서 찾은 보물

"우주에는 무서운 행성들이 참 많은 것 같아. 천왕성은 괜찮을까?"

현수가 겁을 먹은 채 그루에게 물었다.

"천왕성은 영하 200도가 넘는 몹시 추운 곳이야."

"태양에서 멀리 떨어진 행성들은 다 온도가 낮네. 그래도 추위쯤이야 이겨낼 수 있어!"

드디어 푸른빛의 행성에 도착했다. 추위 때문에 으

슬으슬 몸이 떨려왔다. 하지만 참아야 했다. 안박사의 메시지 대로라면 이곳에 칼립토가 있을 테니 말이다.

"추우니까 우주복을 한 번 더 체크하렴."

김박사가 말했다.

"자! 1, 2, 3, GO!"

다들 비장한 표정으로 우주선에서 내려왔다. 천왕성은 얼음 왕국이라는 별명답게 끝이 보이지 않는 얼

음 땅이 펼쳐져 있었다. 얼음 조각에서 미끄러지지 않으려고 조심조심 발을 내디뎠다.

"레오 로봇과 그루는 얼음산이 있는 높은 곳을 찾아보고 현수와 나는 얼음 대지를 찾아볼게!"

김박사가 말했다.

현수와 김박사는 얼음 대지를 쉬지 않고 걷고 또 걸었지만 탐지기에 어떤 신호도 감지되지 않았다. 현수가 입을 삐죽거리며 실망감을 드러내고 있을 때 외계인 그루에게서 신호가 왔다.

"이쪽으로 빨리 와줘야 할 것 같아요. 탐지기에 뭔가 잡혔어요."

김박사와 현수는 다급하게 그루가 보내준 장소로 뛰어갔다. 얼음산 구석에 숨겨진 동굴이었다. 거친 얼음 조각이 뒤엉켜 찔리지 않게 조심조심 걸어야 했다. 안으로 들어가니 탐지기에서 삑삑! 소리가 났다.

“이 안에 뭔가 있는 것 같아요.”

그루가 긴장한 듯 말했다.

김박사는 소리가 나는 바위를 힘차게 들어올렸지만 꿈쩍도 하지 않았다.

“그루와 레오 로봇이 좀 도와줘야 할 것 같은데.”

“제가 힘 좀 써 볼게요.”

외계인 그루가 있는 힘껏 바위를 들어올렸지만 역시나 바위는 꿈쩍하지 않았다.

“이 바위 쉽지 않은데요?”

“하… 이제 어쩌죠?” 그루가 말했다.

그때 레오 로봇의 손이 망치로 변하더니 바위를 세게 내리쳤다. 세, 네 번 힘차게 내리치자 바위가 쪼개

졌다.

"드디어 됐다!"

김박사는 깨진 바위 틈새 사이로 뭔가 반짝이는 것을 들어올렸다. 금성에서 찾은 것과 비슷한 투명한 얼음 알갱이 같았다.

"제발, 이번엔 진짜 칼립토여야 하는데."

Q 망원경으로 발견한 최초의 행성 천왕성?

사람들은 천왕성이 발견되기 전, 태양계의 행성이 6개라고 생각했어요. 수성, 금성, 지구, 화성, 목성, 토성 이렇게요. 그런데 1781년 천문학자 윌리암 허셜이 자기가 만든 망원경으로 천왕성을 발견하게 돼요. 천왕성은 망원경으로 발견한 최초의 행성이 됐죠. 그전에는 왜 발견을 못 했냐고요? 너무 멀고 어둡고 이동 속도가 느려서 눈으로 발견하기 힘들었다고 해요. 이렇게 천왕성이 발견되면서 태양계 범위가 극적으로 넓어졌어요.

Q 천왕성은 얼마나 멀리 있을까?

지구와 천왕성까지의 거리는 약 29억만km인데요. 지구와 태양의 거리보다 약 19배 멀리 떨어져 있어요. 1977년 보이저 2호가 시속 67만km가 넘는 속도로 10년 동안 날아서 천왕성 가까이에 갈 수 있었다고 하니 얼마나 먼 거리였는지 알 수 있죠.

Q 누워있는 건방진 행성 천왕성?

천왕성도 다른 행성들처럼 자전과 공전을 해요. 그런데 천왕성은 다른 행성들과 좀 다릅니다.
행성이 스스로 도는 중심선인 자전축이 98도 기울어진 채로 도는데요. 비스듬히 누워서 도는 것 같아서 좀 건방져 보인답니다.

아름다운 혜성의 배신

김박사와 레오 로봇은 천왕성에서 채취한 물질 분석을 시작했다. 그리고 갑자기 환호성이 들려왔다!

"드디어 우리가 칼립토를 찾았어!"

김박사와 레오 로봇은 크게 기뻐하며 말했다.

"우와! 이게 칼립토라니 너무 다행이에요."

우리는 우주쓰레기를 해결하기 위해 천왕성 위를 전속력으로 날아올랐다. 천왕성의 얼음 땅과 얼음 산

들이 점처럼 조그맣게 보였다.

"어! 그루, 저게 뭐지?"

우주 속을 가로지르며 빛이 뚝 떨어졌다.

"제가 불새를 본 것 같아요?!"

"우와! 책에서만 봤는데! 우주에 불새가 있나요?"

"저건 불새가 아니라 혜성이야."

“혜성은 물과 기체, 탄소 화합물들이 얼어붙어 있는 작은 천체지.”

김박사가 말했다.

수많은 혜성이 떨어지자 우주에서 불꽃놀이가 벌어진 것 같았다. 아름다운 혜성에 감탄하고 있을 무렵. 경보음이 울렸다.

“삐삐삐, 쿵!”

"우주선이 혜성에 맞았어! 불꽃이 피어오른다!"

말이 떨어지자마자 우주선이 갑자기 요동쳤다.

"칼립토까지 찾았는데 이대로 끝낼 수 없어요. 어떻게 좀 해주세요. 박사님."

현수가 소리쳤다.

"이대로 우주정거장까지 가는 건 무리겠어! 혜성이

잠잠해질 때까지 일단 천왕성 옆에 있는 해왕성으로 피신하자."

우주선의 조종 스크린 한가운데 이상 신호가 여기저기 퍼져가고 있었다.

우주선이 금방이라도 추락할 것 같았다.

"위잉! 위잉!"

힘겹게 우주선 제어장치를 여기저기 이동시켰다.

"제발! 살려주세요."

현수가 두려움에 떨며 소리쳤다.

김박사는 속도 장치를 힘껏 당겼다. 엄청난 불꽃을 내뿜던 우주선이 힘겹게 해왕성에 도착했다.

Q 혜성은 왜 꼬리가 있을까?

혜성은 태양 주위를 도는 작은 천체인데요. 먼지와 얼음 조각으로 만들어졌고요. 긴 꼬리가 달려있어요. 대부분의 혜성은 태양계를 돌아서 태양계 바깥으로 사라지는데요. 갑자기 방향을 바꿔서 태양에 바짝 다가가는 것들도 있어요. 태양에 가까워지면 얼음 조각이 녹아서 가스로 변하면서 가스와 먼지가 길게 뻗어서 긴 꼬리가 되는 거죠. 혜성이 태양에서 멀어지면 꼬리도 짧아져요.

Q 조선 시대에 혜성이 나타났다고?

우리나라 역사 속에서 혜성에 대한 기록들이 나타나 있는데요. 특히 조선 시대는 하늘을 관측하는 기술이 발달돼 있었어요. 조선 세조 14년에 '서남쪽에 검은 기운이 나타났고 만 마리의 말이 달아나는 것 같은 소리가 났다'고 기록돼 있고요. 핼리혜성을 그림으로 남길 정도로 자세하게 관찰했다고 해요.

Q 가장 유명한 혜성, 핼리혜성?

지금까지 알려진 혜성은 천 개가 넘지만 가장 유명한 혜성은 핼리혜성이에요. 핼리혜성은 1682년 9월 15일 에드먼드 핼리라는 천문학자가 발견한 혜성인데요. 76년마다 태양 주위를 돌고 있어요.

해왕성에 와서 다행이야

"다들 다친 데는 없어?"

외계인 그루가 걱정하며 말했다.

"네. 저는 괜찮아요." 현수가 씩씩하게 대답했다.

"우주선도 크게 고장 나지 않았어. 잠깐 쉬면서 정비만 하면 된단다."

김박사가 현수를 안심시켰다. 하지만 계속되는 위험 속에 나는 지쳐버리고 말았다. 힘없이 창밖을 보니

익숙한 얼음 왕국이 보였다.

"김박사님! 우리가 천왕성에 다시 온 건가요?"

"아니, 천왕성과 비슷한 해왕성이야. 해왕성도 천왕성과 같은 얼음 암석으로 이루어져 있지."

"이왕 해왕성에 왔으니! 여기도 칼립토가 있는지 조사해 보자."

겨우 마음을 진정시킨 후 다시 힘을 냈다. 천왕성의

얼음 암석을 수없이 돌아다녔더니 얼음 암석 위를 걷는 게 그리 어렵지 않았다.

얼음 산 근처에 다가가자 역시나 탐지기가 요란하게 울렸다. 레오 로봇의 망치 팔이 여기저기 바위를 내리치자 천왕성보다 더 많은 칼립토가 모습을 드러냈다.

"혜성 때문에 억지로 온 해왕성인데, 안 왔으면 큰 일 날 번했네요. 운이 좋아요!"

현수가 기뻐하며 말했다.

절망적으로 보이던 얼음 행성이 이젠 아름답게 보였다.

"이 정도면 우주쓰레기를 없애는데 충분한 양이야. 우리가 해냈어!"

김박사가 환호했다. 외계인 그루와 현수가 칼립토를 부지런히 우주선으로 옮기는 사이 김박사와 레오 로봇은 우주선 수리를 끝마쳤다. 이제 남은 건 우주쓰레기를 없애기만 하면 된다!

Q 태양계에서 가장 먼 해왕성?

태양계에서 가장 먼 행성은 명왕성이었는데요. 명왕성이 다른 행성들에 비해 크기도 작고 태양 주위를 도는 궤도가 달라 2006년 태양계 행성에서 빠지게 됩니다. 그 덕분에 태양계에서 가장 먼 행성은 해왕성이 됐고요. 태양계는 8행성이 되었죠. 태양계 행성의 첫 이름을 딴 '수금지화목토천해'로 기억해 주세요.

Q 해왕성은 어떤 행성일까?

해왕성은 아름다운 푸른빛을 띠고 있어서 '푸른 진주'라는 별명을 갖고 있어요. 하지만 겉모습에 속으면 안 돼요! 태양에서 아주 멀리 떨어져 있어서 몹시 추운데요. 평균 온도가 영하 214도여서 얼음이 끝없이 펼쳐져 있다고 해요.

Q 똑같은 얼음 행성 천왕성과 해왕성은 왜 색깔이 다를까?

두 행성의 대기에는 붉은빛을 흡수하는 메탄 기체가 많아 푸른빛을 띠고 있는데요. 같은 푸른빛이어도 천왕성은 옅은 하늘색, 해왕성은 짙은 푸른색이에요. 비슷한 환경인데 색깔이 다른 이유는 뭘까요?

행성의 대기는 3층으로 분류되는데요. 2층 대기의 두께가 천왕성이 더 두껍대요. 2층이 두꺼우면 더 많은 양의 푸른색을 띠는 메탄 입자들이 눈으로 내려 푸른빛이 연해지는 거죠. 그래서 눈이 많이 내린 천왕성은 색을 내는 메탄가스가 옅어져 연한 하늘색을 내고요. 눈이 덜 내려 메탄가스가 덜 빠진 해왕성은 짙은 푸른 색을 띠는 거죠.

우주쓰레기 꼼짝 마

우주정거장으로 돌아온 김박사는 우주쓰레기의 상황부터 살폈다.

"우주쓰레기 상황을 체크해 보자. 레오 로봇! 지구 근처에 있는 1급 우주쓰레기 상황 보여줘."

"다섯 개의 큰 우주쓰레기가 지구 가까이 다가오고 있습니다."

"우주쓰레기가 지구 근처로 가기 전에 없애야 해!"

“그런데 다섯 개의 우주쓰레기를 어떻게 다 처리하죠?” 그루가 물었다.

김박사는 우주정거장의 실험실에서 커다란 총을 들고나왔다.

“그게 뭐예요?” 현수가 물었다.

“우주쓰레기를 없앨 수 있는 우주총이야. 우주총에 칼립토를 끼워 넣고 발사하면 우주쓰레기를 없앨 수 있어."

우주총에 칼립토를 끼워 넣자 평범해 보이던 우주총이 영롱한 푸른빛을 발산했다.

"우주쓰레기의 가운데 부분을 정확히 공략해야 해. 우주총을 잘 다뤄야 할 텐데, 누가 하겠나?"

외계인 그루가 조용히 손을 들었다.

"사실 제가 우주군 출신이에요. 우주총을 다루는 건 잘할 수 있습니다."

"칼립토 우주총은 빠른 속도로 이동하는 우주쓰레기를 정확히 맞혀야 해! 무척 어렵지. 우리가 같이 가서 타이밍을 일러주겠네."

김박사가 결심한 듯 말했다.

김박사의 우주선이 다시 한번 우주로 날아올랐다. 지구 근처에서 빙그르르 회전하고 있는 우주쓰레기가 보였다. 거대한 대형 쓰레기들이 파편들을 사방에 튀기며 무섭게 움직였다.

“그루 조심해야 해! 꼭 우주쓰레기를 없애줘.”

현수가 그루의 손을 잡고 말했다.

“걱정하지 마. 나만 믿어.”

그루는 조심스럽게 우주선 밖으로 나가 우주쓰레기 근처로 접근했다. 레오 로봇은 우주쓰레기의 이동 방향과 속도를 분석해서 그루의 음성 송신기를 통해

상황을 전달했다.

"1분 30초 후, 다섯 개의 우주쓰레기가 3시 방향 위치로 모이게 돼. 그때가 공격 시기야."

그루는 우주총의 스위치를 켜고 때를 기다렸다.

"5, 4, 3, 2, 1! 그루 지금이야!"

그루가 칼립토 우주총의 방아쇠를 당기자 엄청난 빛이 한순간에 주변을 뒤덮었다. 주변을 빙그르르 돌던 다섯 개의 우주쓰레기들이 순식간에 빛 안으로 사라졌다.

'우주쓰레기가 없어진 걸까?'

"삐삐삐, 삐삐삐삐삐."

레오 로봇의 우주쓰레기 추적 데이터에서 경고음이 잇따랐다. 환한 빛 사이로 우주쓰레기의 자잘한 파편들이 폭풍처럼 튀어나왔다.

"우주쓰레기가 다 없어지지 않았어! 우주총의 파워

를 늘려야 해."

김박사가 소리쳤다. 그루는 우주총을 잡고 칼립토 다섯 개를 보충했다. 스위치를 켜니 우주총의 푸른 빛이 더 강해졌다.

"어디로 발사하면 될까요?"

그루가 다급하게 물었다.

"6시 방향이야!"

그루가 또 한 번 우주총의 방아쇠를 당겼다. 엄청난 굉음과 함께 우주의 어둠이 순식간에 밝아졌다.

자잘하게 휘몰아치던 우주쓰레기 무리들이 거대한 불길을 내며 타기 시작했다. 우주쓰레기가 드디어 사라졌다.

지구로 돌아온 현수는 스타가 되어있었다. 온갖 방송에서 현수를 인터뷰하겠다고 찾아왔고 팬클럽까지 생겼다. 하지만 현수는 인기에 취해 있지 않았다. 김박사와 정기적으로 만나서 우주 공부를 시작했다. 먼

미래의 우주 문제를 해결하기 위해 현수는 오늘도 책을 펼쳤다.

우주와 관련된 직업 20가지

① 천문학자

지구 같은 행성과 별, 은하와 우주가 어떻게 만들어졌고 어떻게 변하는지 밝히는 일을 합니다.

② 행성 지질학자

태양계 천체의 역사와 구조를 이해하기 위해 행성의 지질학적 특징을 연구합니다.

③ 천체 사진가

망원경과 카메라를 사용하여 별과 천체 현상을 촬영합니다.

④ 우주비행사

우주선을 조종하여 우주를 탐사하고 연구하며, 우주선이나 우주 정거장에서 임무를 수행합니다.

⑤ 우주선 엔지니어

우주선이나 인공위성을 설계하고 개발하여 우주 탐사에 필요한 기술을 개발합니다. 엔지니어링 원리, 항공우주 과학, 시스템 공학에 대한 이해도가 높아야 합니다.

⑥ 우주 통신 엔지니어

지구와 우주비행사 간의 통신을 가능하게 하는 위성 통신 및 네트워크 시스템을 설계하고 유지 관리합니다.

⑦ 우주 재료 과학자

우주 환경에 적합한 신소재를 개발하고 소재 성능을 평가합니다.

⑧ 우주 로봇 공학 엔지니어

우주 탐사를 지원하기 위한 로봇 및 자동화 기술을 개발합니다.

⑨ 우주 의료 과학자

우주에서 인간의 반응을 연구하고 우주여행 중에 발생할 수 있는 건강 문제에 대비합니다.

⑩ 우주 영양사

우주비행사가 장기간 우주 임무를 수행하는 동안 건강과 영양을 유지할 수 있도록 특수 식단을 개발합니다.

⑪ 우주 데이터 분석가

우주 임무, 인공위성, 망원경에서 수집한 데이터를 분석하여 의미 있는 정보를 도출합니다.

⑫ 우주 정책 전문가

우주 활동과 관련한 정치, 외교, 군사, 경제적 문제를 연구하여 지속적이고 안전하게 우주를 사용할 수 있는 제도를 만드는 데 기여합니다.

⑬ 우주 경제학자

우주 개발의 경제적 영향과 가치를 연구하고 우주 기업 및 투자를 분석합니다.

⑭ 우주 변호사

우주와 관련된 법과 규정을 연구하고 해석하여 안전하고 윤리적인 우주 활동을 보장하는 데 기여합니다.

⑮ 우주 기업가

우주관 관련된 사업을 시작하고 운영하는 사람입니다.

⑯ 우주 교육자

학생과 대중에게 우주 과학 및 탐험에 대한 교육을 제공하여
과학적 호기심을 불러일으키는 직업입니다.

⑰ 우주 역사가

과거 우주 탐사 및 여행의 역사를 연구하고 문화적, 정치적 영향을 분석합니다.

⑱ 우주 작가

우주에 관한 글을 씁니다. 우주에 대해 교육하고 사람들을 즐겁게 하는 기사, 책 및 기타 콘텐츠를 제작합니다.

⑲ 우주 유튜버

우주에 관한 동영상을 제작하는 유튜버입니다. 교육용 동영상, 브이로그 및 기타 콘텐츠를 제작하여 우주에 대한 사람들의 관심을 유도하고 흥미를 유발합니다.

⑳ 우주 미디어 아티스트

우주 탐험의 아름다움을 전달하거나 과학적 개념을 시각화하기 위해 우주를 주제로 한 예술 작품을 제작합니다.

이 책을 만드는 데 도움을 주신 분들

강수진
강신희
강영일
고다혜
권주연
김규리
김규현
김기원
김수종
김아름
김윤정
김이을
김하은
김혜영
남승우 남윤하
림
문보라
박서후 박서연
박선우
박선주
박성수
박현희
방지원
배은서
백건영
변휘
상큼지돌
서연&동언
서지인 엠마
송민수
송혜경
여도한
우나스텔라 박재홍
이유정
이유준
이환춘
정연상
조강원
조용탁
최갑천
최인제
풍영현
하동균,동현 아버지
한성미
한세희
HJ
Katelyn Gwak

우주쓰레기가 우리 집에 떨어졌다

1판 1쇄 인쇄 2023년 10월 15일
1판 1쇄 발행 2023년 10월 20일

지은이 안부연, 박시수
감수자 문홍규
그린이 신지혜
펴낸이 이윤규

펴낸곳 유아이북스
출판등록 2012년 4월 2일
주소 (우) 04317 서울시 용산구 효창원로 64길 6
전화 (02) 704-2521
팩스 (02) 715-3536
이메일 uibooks@uibooks.co.kr

ISBN 979-11-6322-108-1 43440
값 14,000원